DES ENGRAIS-FUMIERS

DIT LE

LIVRE AUX 100 LOUIS D'OR

NOUVEAU

TRÉSOR DE LA CHAUMIÈRE

SURNOMMÉ LE

FIDÈLE CONSEILLER DES CULTIVATEURS

Par Demandes et Réponses.

CE PETIT LIVRE FAIT CONNAITRE

Les vrais moyens de s'enrichir rapidement en cultivant la terre

PAR

JULES-PHILIPPE PICHERIE-DUNAN

Agriculteur-praticien expérimenté, ancien Chef de Culture, Fermier-Général.

4 1ers PRIX, — 3 MÉDAILLES D'HONNEUR,

Obtenus pour la grande supériorité de ses Fumiers, de ses Cultures et de son bétail, dans toutes ses Fermes-Modèles,

AUTORISÉ ET SUBVENTIONNÉ

Par le Département de la Loire-Inf

—

4me ÉDITION

TRÈS-AUGMENTÉE.

—

AVIS IMPORTANT.

Les beaux blés, le beau bétail, les beaux légumes, les beaux fruits et les belles fleurs se vendront toujours très-bien. Mon Livre vous enseigne les moyens simples et faciles de doubler et d'embellir toutes les productions de vos terres, sans faire plus de dépenses. C'est donc la fortune et le bonheur que je viens vous offrir.

Si vous êtes embarrassés, appelez-moi, j'irai vous aider, c'est mon plaisir.   PICHERIE-DUNAN.

1867.

L'ENGRAIS DES 100 LOUIS D'OR.

Il fait la fortune de tous les Cultivateurs qui s'en servent.

C'est le seul engrais nourrissant, fortifiant, amendant et fertilisant la terre tout à la fois.

C'est le seul qui puisse être mis à la disposition de tous les Cultivateurs. Il revient aux prix suivants :

3me qualité (bon engrais). . . » 25c l'hectolitre.
2me qualité (riche engrais). . . » 50c —
1re qualité (très-riche engrais.. 1 » —

Rendu à domicile et en aussi grande quantité qu'on le désire.

FABRICATION.

Sur l'emplacement arrangé comme il est dit pages 17 et 18, on met plusieurs couches de terre et de fumier sortant des écuries ; le tout recouvert de terre et arrosé fortement avec le riche purin, préparé et protégé comme il est dit page 18 et 19. Trois semaines après, ayant reçu six arrosements, l'engrais 3me qualité est terminé. Il faut alors le coupé très-menu, avec une tranche, et s'en servir promptement pour profiter de toute sa force. Cet engrais revient à 25 centimes l'hectolitre. (Expérience conforme.)

L'engrais 2me qualité se fait exactement comme celui de 3me, seulement on augmente sa richesse en y mêlant un peu de bon noir de raffinerie ou de phosphate fossile, après qu'il a été coupé menu avec la tranche. Cet engrais est riche ; il revient à 50 centimes l'hectolitre aux Cultivateurs.

L'engrais 1re qualité est fait de même que les deux autres, seulement on lui donne une très-grande richesse en jetant du guano dans le purin et en y mêlant de la poudre d'os et de corne.

Ce riche engrais ne revient qu'à 1 fr. l'hectolitre aux Cultivateurs. Il doit être mis à l'abri.

Voyez pages 35 et 36.

PICHERIE-DUNAN.

LE LIVRE DES ENGRAIS-FUMIERS

DIT LE

LIVRE AUX 100 LOUIS D'OR

NOUVEAU

TRÉSOR DE LA CHAUMIÈRE

SURNOMMÉ LE

FIDÈLE CONSEILLER DES CULTIVATEURS

Par Demandes et Réponses.

CE PETIT LIVRE FAIT CONNAITRE

Les vrais moyens de s'enrichir rapidement en cultivant la terre

PAR

JULES-PHILIPPE PICHERIE-DUNAN

Agriculteur-praticien expérimenté, ancien Chef de Culture, Fermier-Général.

4 Iers PRIX, — 3 MÉDAILLES D'HONNEUR,

Obtenus pour la grande supériorité de ses Fumiers, de ses Cultures et de son bétail, dans toutes ses Fermes-Modèles,

AUTORISÉ ET SUBVENTIONNÉ

Par le Département de la Loire-Infre.

4me ÉDITION

TRÈS-AUGMENTÉE.

AVIS IMPORTANT.

Les beaux blés, le beau bétail, les beaux légumes, les beaux fruits et les belles fleurs se vendront toujours très-bien. Mon Livre vous enseigne les moyens simples et faciles de doubler et d'embellir toutes les productions de vos terres, sans faire plus de dépenses. C'est donc la fortune et le bonheur que je viens vous offrir.

Si vous êtes embarrassés, appelez-moi, j'irai vous aider, c'est mon plaisir.　　　　　PICHERIE-DUNAN.

LE LIVRE AUX 100 LOUIS D'OR

NOUVEAU

TRÉSOR DE LA CHAUMIÈRE.

De tous les livres, c'est un des plus précieux;
Il donne à tout le monde, le bonheur le plus sûr.
C'est la science et l'amour de l'agriculture ;
Enfin partout il fait un grand nombre d'heureux.

On vend ce livre un franc, mais parole d'honneur,
Dans un jour on peut gagner dix fois sa valeur.
Courage, un peu d'esprit, la ferme volonté,
Et les **100** louis d'or seront bientôt comptés.

A CEUX QUI SUIVRONT LES CONSEILS DU LIVRE

ON PROMET UN BÉNÉFICE NET CHAQUE ANNÉE :

Aux toutes petites Fermes, 100 louis de 5 fr. — Soit : **500 fr.**
Aux moyennes Fermes,   100 louis de 10 fr. — Soit : **1000 fr.**
Aux grandes Fermes,   100 louis de 20 fr. — Soit : **2000 fr.**
Aux très-grandes Fermes, 100 louis de 50 fr. — Soit : **5000 fr.**

IL N'Y A PAS ICI D'EXAGÉRATION NI D'ILLUSION
C'EST L'EXACTE VÉRITÉ.

MA LETTRE AUX CULTIVATEURS.

Cultivateurs mes confrères,

Ayez confiance, courage et ferme volonté.

Au moyen des instructions si simples de mon livre, vous allez savoir et pouvoir vous enrichir, sûrement, rapidement ; croyez-le bien, je vous le promets sur l'honneur.

Je vous en prie acceptez la richesse et le bonheur que je viens vous offrir.

Il y a seize ans, j'ai promis à Dieu et aux hommes de consacrer ma fortune et ma vie à procurer aux cultivateurs l'instruction agricole, c'est-à-dire le bien-être, la fortune, le bonheur, et d'adopter, moi-même, la noble profession d'agriculteur pour le reste de mes jours.

J'ai tenu fidèlement mes promesses. Je me suis fait simple fermier, et puis, chef de culture, et, ensuite, fermier général, ayant quatre métayers à mon compte et sous ma direction. Partout mes métairies ont été les fermes modèles du pays. Partout, j'ai fait quatre fois plus de fumier que les autres avec le même nombre de bétail et de paille ; partout j'ai eu les plus beaux animaux et les plus riches récoltes. Aussi, partout, j'ai remporter les 1ers prix et les médailles d'honneur. J'affirme que tout les cultivateurs qui ont voulu suivre mes conseils et mon exemple, font de belles fortunes, et vivent heureux ; suivez donc, très-exactement, les conseils de mon livre.

Confiance, courage, persévérance, et vous allez vous enrichir, sûrement, rapidement, et vous vivrez heureux par l'agriculture.

C'est la conviction profonde et le plus grand désir de votre plus fidèle ami,

PICHERIE-DUNAN,

Agriculteur-améliorateur.

Si vous êtes embarrasé, appelez-moi ; j'irai à votre aide, vous n'aurez que mon voyage à payer. En 48 heures de travail, je promets de commencer à transformer votre métairie en une véritable ferme modèle, de richesse, de fertilité, d'ordre, de propreté et de salubrité.

Tant vaut l'homme, tant vaut la terre.
Point de mauvaise terre pour le cultivateur qui sait son métier.

Adresse : **PICHERIE-DUNAN,**
Améliorateur des Métairies,

rue de

PROGRAMME

DU LIVRE AUX 100 LOUIS D'OR

NOUVEAU

TRÉSOR DE LA CHAUMIÈRE

SURNOMMÉ

LE FIDÈLE CONSEILLER DU CULTIVATEUR.

Je me suis imposé la tâche d'aller les dimanches dans les communes réunir les Cultivateurs à la sortie de la grand'messe, pour leur enseigner les moyens de doubler les profits de leur culture.

Je désire beaucoup voir les Cultivateurs, pères et mères, suivre exactement les conseils de mon livre; tous, ils le peuvent : d'ailleurs c'est un devoir, c'est une nécessité, afin que leurs enfants, au sortir des écoles, puissent avoir de bons exemples à suivre. C'est le bon moyen d'arrêter la dépopulation des campagnes, d'empêcher la jeunesse de perdre le fruit des instructions agricoles qu'elle a reçues en classe. Il faut absolument de bons exemples, on garde la profession que l'on aime; il faut prouver que le métier d'agriculteur est le plus avantageux de tous les métiers.

J'ai divisé les instructions de mon livre en 6 chapitres.

Savoir :

Le 1er CHAPITRE fait connaître les moyens simples et faciles de produire quatre fois plus de fumier dans toutes les fermes avec le même nombre de bétail, et du fumier très-riche. Il prouve que le métier de Cultivateur est le plus avantageux de tous les métiers, celui où l'on peut le mieux s'enrichir et être heureux.

Le 2e CHAPITRE fait connaître les moyens simples et facile d'assainir les champs, de réchauffer les terres froides et mouillées, de rafraîchir les terres trop légères et brûlantes, d'augmenter la couche de bonne terre, et de rendre promptement riches et fertiles les plus mauvais champs.

Il donne les meilleurs moyens d'employer la chaux pour conserver toujours une grande richesse à la terre.

Le 3e CHAPITRE fait connaître les moyens simples et faciles d'améliorer les prés, de doubler les récoltes de foin et d'avoir toujours beaucoup de gras pâturages.

Le 4e CHAPITRE explique très-bien les signes qui font connaître les bonnes vaches à lait et à beurre. On va connaître les meilleures espèces de bœufs, les bons chevaux, les bons moutons, les bons porcs, les bonnes volailles. On va savoir élever et engraisser le bétail promptement et avec une grande économie. On va pouvoir doubler le lait des vaches, empêcher l'avortement. On va savoir conserver la santé des animaux et les guérir promptement de leurs maladies.

Le 5ᵉ CHAPITRE fait connaitre les moyens simples et faciles d'augmenter de plus en plus la richesse et la fertilité des terres par un bon assolement. On va pouvoir s'assurer toujours des riches et abondantes récoltes de blés, de fourrages, de racines, de légumes, de fruits et de fleurs, pendant toutes les saisons de l'année. On va pouvoir augmenter les produits de la vigne, faire d'excellent vin et du cidre délicieux. On va connaitre les moyens de ne jamais manquer de nourriture pour toutes ses bêtes. On va même pouvoir leur donner double ration.

Le 6ᵉ CHAPITRE fait connaître au Cultivateur, à la fermière, les moyens simples et faciles d'avoir toujours et en quantité de très-bons beurres, bons fromages, bon miel, bonne cire, bonnes volailles grasses, bons fruits bien conservés, bon lard, bon résiné, beaux œufs, bon pain, bonne liqueur. On va voir comment on aura toujours son jardin garni de bons légumes , de bonnes salades , d'herbages utiles , des semis, des plants de toute espèce , de beaux fruits et de belles fleurs.

On va voir comment le bon Cultivateur, la bonne fermière, peut emporter chaque semaine à vendre au marché toute espèce de produits , et rapporter à la maison de grosses sommes d'argent qui font bien plaisir. On va voir que le *Livre aux 100 Louis d'Or* prépare les bons mariages et assure la fortune et le bonheur des familles.

LES 25 PRINCIPES

DE

LA BONNE ET SAGE AGRICULTURE

CONDITIONS INDISPENSABLES
AU BIEN-ÊTRE ET A LA RICHESSE DES CULTIVATEURS.

Prière à MM. les maires des communes de faire connaître ces **Principes** à leurs administrés.
Prière à MM. les propriétaires de les faire connaître à leurs fermiers.
Prière à MM. les instituteurs de les faire apprendre aux enfants destinés à l'agriculture.

---

1 Jeune Cultivateur, faites bien attention de ne jamais oublier
  Que vous devez apprendre et savoir très-bien votre métier.

2 Pour faire de bonnes affaires et s'enrichir en
    agriculture, comme dans toutes professions,
  Il faut absolument travailler avec goût, intelli-
    gence et raison.

3 Ne laissez plus les urines se perdre, sortir de
    l'écurie et de l'étable ;
  Car, en vérité, cela n'est pas raisonnable.
  L'engrais des latrines, le purin, l'égout des fu-
    miers,
  Voilà les engrais les plus estimés.

4 Prenez donc le plus grand soin de vos fumiers :
    couvrez-les de terre ;
  Ne les laissez jamais se ruiner sous la dé-
    gouttière.
  Cultivateurs, si vous voulez vous enrichir, il ne
    faut plus perdre la meilleure nourriture de la
    terre.

5 Si vous voulez être bon Cultivateur et savoir
    bien votre métier,
  Il faut commencer par savoir produire beaucoup
    de bons fumiers.

6 Quand vous saurez faire du bon fumier et en
    grande abondance,
  Alors, vous pourrez labourer plus profondément
    et doubler vos fourrages : c'est d'une grande
    importance.

7 Aussitôt que vous aurez doublé vos cultures de
    racines et vos plantes fourragères,
  Il vous sera facile de doubler la ration de nour-
    riture de votre bétail : c'est la grande affaire.

8 Les terres qui auront donné à votre bétail cette
    grande augmentation de bonne nourriture,

Vous donneront de suite après sans fumier, et
sur un seul labour, les plus beaux blés, et à
grande mesure.

9 Aussitôt que vous saurez doubler la quantité et la
richesse de vos fumiers,
Vous pourrez doubler vos fourrages, votre bétail et vos blés.

10 Mais voilà justement ce qu'il faut savoir faire
pour être un bon cultivateur.
Doublez donc vos engrais, puisqu'il le faut absolument pour acquérir la fortune et le bonheur.

11 Pour vous enrichir promptement, il faut aussi
apprendre à connaître le beau et bon bétail ;
Il faut savoir que sa propreté, sa nourriture
achée, mêlée et salée sont indispensables.

12 Il faut donner de l'air, blanchir, arraigner vos
écuries et vos étables ;
C'est le bon moyen d'empêcher vos animaux
d'être malades.

13 Ne manquez pas de transporter la terre des
chintres sur le milieu de vos champs :
C'est le vrai moyen d'assainir et d'enrichir le
sol, et de gagner beaucoup d'argent.

14 Si vous voulez doubler le foin de vos herbages
et de vos prés,
Il faut y répandre avant l'hiver des terreaux
bien préparés.

15 Vous devez améliorer vos mauvais prés, où il
pousse beaucoup de joncs,
Par des rigoles profondes et beaucoup de terreaux, mais bien bons.

16 Pour faire de bons terreaux et de riches fumiers,
  Il faut absolument répandre dessus de riches
  purins, chaulés et salés.

17 Pour vos semailles, vous devez choisir les plus
  beaux grains de semence et les bien préparer,
  Et faire tout votre possible pour semer vos blés
  les premiers.

18 Lorsque le printemps est arrivé,
  Il faut par un temps bien sec herser et rouler
  vos jeunes blés,
  Et en même temps vous y sèmerez vos graines
  de trèfle, mais bien serrées.

19 Il faut, pour faire vite et bien votre ouvrage,
  Avoir bonne charrue, bonne herse et bons atte-
  lages;
  Une houe à cheval, un rouleau, un coupe-racines et un coupe-paille vous donneront de
  grands avantages.

20 Vous devez passer au goudron et à la grosse
  peinture,
  Vos charrettes, vos herses et tous vos instruments de culture.

21 Il faut faire votre possible pour vous entendre
  avec vos voisins,
  Afin de réparer et entretenir en bon état vos
  mauvais chemins.

22 Cultivateur! si vous vous conformez à ces bons
  principes d'agriculture,
  Vous pourrez alors dire : Je suis bon cultivateur,
  je vais m'enrichir, j'en suis sûr.

23 Le Cultivateur possèdant le *Livre aux 100 Louis d'or*, qui ne s'enrichira pas et ne sera pas heureux,
C'est qu'il ne voudra pas s'enrichir. Ce sera donc un insensé, un ivrogne ou un paresseux.

24 Allons! bon Cultivateur, un peu de courage, de résolution et de bonne volonté,
Et bientôt votre cour sera propre et dressée;
Votre fumier bien traité, vos récoltes et profits seront doublés.

25 Vous allez voir régner chez vous l'ordre, la propreté, l'aisance et la satisfaction,
Et vous serez heureux, bon Cultivateur, puisque vous aurez assuré la richesse et le bonheur de votre maison.

PICHERIE-DUNAN,

Améliorateur de métairies.

Je m'engage à aller dans les métairies, afin d'aider à tout préparer pour assurer la richesse et le bonheur de la famille. Dans toutes les métairies où on me fait demander, je fais cadeau d'un bel assortiment de graines des plus utiles.

Il n'y a que mon voyage à payer.

CHAPITRE Ier.

Les avantages de l'agriculture sur tous les arts et l'industrie. — L'importance des Cultivateurs. — Grande production des plus riches fumiers de fermes.— Les moyens de produire quatre fois plus de fumier chaque année dans toutes les fermes.

———

D. Quels sont les avantages de l'agriculture sur les autres industries ?

R. L'agriculture rend les plus grands services à la société. Elle fertilise les pays, nourrit le monde, offre le plus de consolation et donne la plus longue existence.

L'agriculture donne la force, la santé et la fortune ; des goûts simples, des habitudes heureuses, des mœurs pures, des pensées honnêtes, des sentiments élevés. L'agriculture promet la joie de l'âme, la paix du cœur, le calme de l'esprit et la tranquilité de la conscience.

D. Les Cultivateurs sont-ils bien nécessaires à la société ?

R. Oui, car les Cultivateurs forment la

classe la plus nombreuse, la plus tranquille et la plus nécessaire de la société. Ce sont eux qui nourrissent le peuple.

Le Cultivateur vit tranquille du fruit de ses travaux. C'est le plus ferme soutien du gouvernement, et au premier appel de son souverain, il dépose la charrue et court aux armes pour défendre et sauver l'honneur de la patrie.

D. La profession de Cultivateur est-elle bonne ? peut-elle rendre riche et heureux ?

R. Oui, la profession de cultivateur est la meilleure et la plus avantageuse de toutes les professions, car le Cultivateur peut s'enrichir rapidement et être très-heureux en cultivant la terre, mais à la condition qu'il connaîtra bien son métier et qu'il travaillera avec goût, intelligence et raisonnement.

D. Quelle est la connaissance la plus nécessaire au Cultivateur pour s'enrichir et être heureux ?

C'est la connaissance de la grande production des riches fumiers de ferme.

Le Cultivateur qui veut résolument savoir s'enrichir, doit commencer par étudier les moyens de produire les bons fumiers, de les soigner , d'en augmenter la quantité et la richesse par tous les moyens en son pouvoir.

D. La connaissance de la grande production des bons fumiers suffit-elle pour s'enrichir en agriculture ?

R. Le Cultivateur qui ne laissera rien perdre de ce qui peut augmenter la richesse et la fertilité de ses terres ; qui saura préparer, chaque année, quatre fois plus de riche fumier pour ses champs et quatre fois plus de riche terreau pour ses prés, celui-là s'enrichira sûrement , rapidement ; il sera heureux, et, par le bon exemple qu'il donnera à ses enfants, il préparera la richesse et le bonheur de sa famille.

D. N'y a-t-il pas des améliorations agricoles encore plus nécessaires au Cultivateur que celle des fumiers, pour assurer sa richesse ?

R. Non, il n'y a pas d'améliorations en agricuture aussi importante, aussi nécessaire que celle des fumiers , car il est à remarquer que tous les Cultivateurs qui prennent grand soin des fumiers, prennent également soin de leurs terres, de leurs prés, de leur bétail. On a constaté que tout était bien, dans les fermes où on traite parfaitement les fumiers ; tout annonce le bien-être et la richesse du Cultivateur : c'est une vérité incontestable.

D. Le Cultivateur qui néglige son tas de fumier et laisse perdre, devant ses yeux, les plus riches engrais de sa ferme, ne peut donc pas s'enrichir ni être heureux ?

R. Le Cultivateur qui néglige son tas de fumier et laisse perdre, journellement, devant ses yeux, le purin, l'urine qui sort des étables, des écuries et l'engrais humain, en un mot, qui laisse perdre la plus riche partie des engrais de sa ferme, et la meilleure nourriture de ses terres, elui-là doit-être, assurément, ou un ignorant, ou un paresseux : c'est un mauvais Cultivateur, un mauvais ouvrier, il ne sait pas son métier, ou il veut le mal faire. Ce mauvais cultivateur, qui se moque ainsi de sa terre se ruinera tôt ou tard. Il ne peut pas être heureux, et, par le mauvais exemple de négligence et de désordre qu'il donne à ses enfants, il prépare le malheur de sa famille.

D. Quel moyen doit employer le Cultivateur pour augmenter la quantité et la richesse de ses fumiers ?

R. Il doit d'abord entourer le tas de fumier d'une rigolle, et creuser un grand réservoir où viendra s'écouler tout le purin, le jus du fumier.

Le réservoir doit être bien garni dans l'intérieur avec de la terre glaise, pour empêcher le bon purin de se perdre en pénétrant dans la terre.

Il faut couvrir le réservoir à purin avec de fortes planches, pour que rien ne tombe dedans.

Aussitôt que le Cultivateur aura fait cette première amélioration, sa richesse et son bonheur commenceront pour lui.

D. Que faut-il faire pour l'emplacement, comment faut-il préparer le tas de fumier et quel soin faut-il en prendre?

R. L'emplacement du fumier doit être garni de terre glaise. Il faut mettre une couche de terre sèche mêlée d'un peu de chaux entre chaque couche de fumier, et terminer le tas par une forte couche de terre, pour recevoir toutes les vapeurs fertilisantes du fumier; ensuite, on fera des trous sur le fumier avec un piquet de bois, puis on arrosera fortement tout le tas avec le bon purin du grand réservoir.

Par ce moyen, en trois semaines de fermentation, on obtient un fumier deux fois plus riche et qui double toutes les récoltes.

C'est un bon moyen de s'enrichir et qu'il ne faut pas négliger.

D. Quel moyen faut-il employé pour entretenir le grand réservoir toujours plein de bon purin, afin de pouvoir arroser ses fumiers à volonté ?

R. Il faut avoir soin, à mesure qu'on retire le purin du réservoir, d'y remettre de suite de l'eau, du fumier frais, de la chaux, du plâtre, du sel, des cendres, de la suie, du fumier de latrine, du fumier de poule, et toutes les bouses et crotins qu'on ramassera dans la cour : tout cela étant bien brassé avec l'eau, donnera un riche purin, qui augmentera beaucoup la richesse des fumiers et des terreaux.

Les légumes et les racines des arbres fruitiers, arrosés avec ce bon purin, par un temps pluvieux, donnent des profits considérables.

Tous les cultivateurs, tous les jardiniers, maraîchers et fleuristes, devraient avoir un grand réservoir constamment plein de ce riche engrais, ils doubleraient leurs profits.

D. Que faut-il faire pour empêcher l'eau des grandes pluies et des orages d'aller au pied du tas de fumier et se mêler au bon purin du réservoir ?

R. Il faut entourer le tas de fumier et le réservoir à purin d'une forte jetée, afin d'empêcher l'eau d'y approcher ; mais avant tout, il faut dresser les mauvaises cours, combler les creux, faire des rigolles, des ruisseaux, pour assainir les cours et les habitations, en creusant le grand réservoir à purin : les débris serviront à dresser la cour ; il faut absolument pour s'enrichir et vivre heureux, avoir une cour sèche, unie et propre ; il faut que la cour et les abords de la maison, des étables, des écuries et porcherie, soient aussi unis, aussi bien empierrés, aussi solides qu'une grande route bien entretenue ; il ne faut plus voir une goutte d'urine sortir des étables, du fumier traîner dans la cour.

C'est encore un moyen assuré de s'enrichir et d'être heureux.

D. Pour arroser les fumiers et les terreaux avec le purin, cela ne demande-t-il pas trop de peine, de soins et de temps ?

R. Les soins et le temps passé à augmenter et à enrichir les fumiers, en les mêlant avec
plusieurs sortes de terres et en les arrosant
abondamment avec le riche purin, ont toujours
et partout donné aux Cultivateurs des profits
considérables. On a prouvé qu'il n'y avait pas
de travaux en agriculture qui donnaient d'aussi
grands bénéfices, et jamais aucun Cultivateur
ne s'est plaint d'avoir trop travaillé à augmenter la quantité et la richesse de ses fumiers et
de ses terreaux ; tous ceux qui l'ont fait se
sont enrichis ; et puis, il ne faut pas s'imaginer pouvoir s'enrichir rapidement sans se
donner un peu plus de peine.

D. Quels sont les autres moyens d'augmenter les fumiers de la ferme ?

R. Il faut s'occuper de suite de bâtir de
grandes latrines, très-commodes, derrière la
maison. C'est facile : on plante de grosses
branches d'arbres que l'on recouvre de paille.
Le maître doit donner la consigne à tous les
gens de la ferme d'aller dans ces lieux, afin de
ne plus perdre les engrais.

Il faut mettre dans le coin des latrines un
tas de terre sèche, mêlée de cendres, de plâtre

et de suie, que l'on répand à mesure sur les matières et les urines, afin d'enlever la mauvaise odeur et d'augmenter encore ce bon engrais-poudrette.

Voilà encore un moyen de s'enrichir.

D. Quels sont les autres moyens d'augmenter les fumiers de la ferme?

R. Il faut se presser de bâtir un grand hangar près de l'étable, avec des branches d'arbres et de la paille pour couverture. Ce grand hangar doit servir à mettre à l'abri des quantités de pellées de gazon et de terres sèches, de toutes espèces, de toutes couleurs; des terres que l'on prend autour des champs, près des haies; il ne faut jamais revenir à la maison avec la charrette vide. Quand on porte une charretée de fumier, il faut toujours rapporter des pellées de gazon et des terres, et les mettre à l'abri sous le grand hangar; plus on en apportera, plus on s'enrichira : c'est assuré.

D. Que fera le Cultivateur, de ces grandes quantités de terre?

R. Tous les mois, après avoir sorti le fumier des étables, il laissera un peu de fumier pailleux dans le fond, et il étendra par-dessus une forte couche de terre et de pellées de gazon, qu'il prendra sous le grand hangar. Lorsqu'il aura bien étendu la terre, il étendra la litière de paille par-dessus.

Il faut en faire autant sous les moutons, sous les cochons ; partout, il faut mettre des terres dans le fond des étables, afin que pas une goutte d'urine ne soit perdue ; et puis, on a constaté que la terre sèche retient les gaz fertilisants ; que les étables sont plus saines, que le bétail se porte mieux et donne plus de profit.

Il faut aussi penser à mettre des terres sè-ches sous les poules et dans le fond des latrines ; tous les mois, il faut vider les étables et sortir les fumiers de dessous toutes les bêtes et ne jamais négliger d'y étendre au fond, de suite, une autre forte couche de terre, de terreaux, et mettre la paille par-dessus.

D. Les fumiers étant ainsi mêlés de terre, de sable et de pellées de gazon, ne seront-ils pas trop lourds, trop difficiles à sortir des écuries et à charger dans les charrettes ?

R. Sans doute. Le fumier mêlé de terre sera plus lourd, plus difficile à transporter ;

mais il s'agit de s'enrichir rapidement, et on ne s'enrichit pas sans peine.

Mais, si le fumier, mêlé de terre, est plus difficile à sortir des étables et à charger, s'il est plus lourd, en récompense il est beaucoup plus riche, plus nourrissant, plus fortifiant. L'azote, l'amoniac et les sels fertilisants unis à la chaux et au plâtre, dont il est saturé, vont sûrement doubler toutes les récoltes du Cultivateur ; et puis, le nouveau fumier est plus facile à diviser et à étendre également sur tout le champ, la charrue l'enterre plus facilement : toute cette terre, saturée d'urine, de chaux et de sel, fait sur les champs l'effet du levain dans la pâte du boulanger. Toute la surface du champ est en fermentation ; il amende et graisse toute à la fois, il attire l'engrais du ciel et de la terre ; il donne une grande force à la paille des blés qui ne sont plus si sujets à verser, et les grains sont plus lourds. Partout, où l'on fait usage de ce nouveau fumier préparé avec soin, les bénéfices sont surprenants.

C'est un moyen assuré de s'enrichir rapidement en cultivant la terre, qu'il ne faut pas négliger.

D. Les cultures fourragères et les racines se trouvent-elles bien de ce fumier mêlé de terre saturée d'urine, de chaux, de plâtre et de sel ?

R. Le nouveau fumier, mêlé de terre saturée, donne d'énormes récoltes de choux, de betteraves, de rutabagas, de carottes, de navets, de pommes de terre, de colzas, de trèfles, de luzerne, de ray-gras, de citrouilles, de maïs, de topinambours, de pois, de haricots, d'artichauts, d'asperges, de salsifis, de cantaloups, de melons, d'ognons, de porreaux, de fraises, etc. On a fait des expériences sur des légumes et salades de toutes espèces ; ils ont dépassé ceux qui avaient été semés et plantés en même temps sur le fumier de cheval, qui coûte six fois plus cher. Cependant, les produits du fumier terreux ont été bien supérieurs en beauté et en qualité.

On a remarqué qu'une charretée du nouveau fumier mêlé de terre donnait plus de profit que trois charretées de fumier négligé.

Aussi, tout Cultivateur ou jardinier qui veut s'enrichir et être heureux, doit faire le nouveau fumier.

D. Le fumier de ferme, mêlé de terre saturée d'urine, est-il utile aux arbres fruitiers ?

R. Le nouveau fumier étant répandu sur les racines des arbres fruitiers et sur les racines de la vigne, augmente d'une manière très-sensible la quantité des fruits et la vigueur des arbres. C'est surtout sur la vigne que la différence est énorme.

Le salpêtre, uni à la chaux, dans le nouveau fumier, forme un sel très-abondant qui chasse et détruit les vers des hannetons et les insectes qui portent dommage aux arbres et aux légumes.

On vient de constater aux alentours de Paris, de Rennes et de Nantes, que les choux-pommes sont très-supérieurs et que les pommes de terre n'ont aucune tache ni piqûre, sur le fumier mêlé de terre saturée. Les plus habiles horticulteurs et les fleuristes ont reconnu la supériorité du nouveau fumier pour les plantes les plus délicates et les fleurs.

Il faut donc être bien ennemi de ses intérêts pour ne pas s'empresser de fabriquer ce nouveau fumier, afin d'en faire l'épreuve.

D. La préparation du fumier, mêlé de terre est-elle difficile et coûteuse ?

R. Rien de plus facile que de préparer des quantités de fumier mêlé de terre ; il suffit de creuser un réservoir, comme nous l'avons dit plus haut, dans les fermes ; mais, pour les jardins , on peut enterrer une terrine ou un baquet, ou une grande caisse en fortes planches bien jointes , bien goudronnées ; il y a des réservoirs en bois qui contiennent plus de 50 hectolitres de purin.

Le purin est très-facile à faire avec de l'eau, de la chaux, du plâtre, du sel, de la suie, des cendres et du fumier de latrines. Un peu de fumier ou d'urine de vache ou de cheval est très-utile pour enrichir le purin ; si on veut l'enrichir encore davantage, on y mélangera du bon guano du Pérou , alors le purin aura une très-grande puissance fertilisante.

Pour la composition du fumier , c'est aussi facile. Il suffit d'entasser près du réservoir à purin du fumier couche par couche avec plusieurs espèces de terres sèches mélangées. Chaque couche sera saupoudrée avec un mélange de chaux, plâtre, sel et suie. Toutes les ratelées,

les mauvaises herbes, les débris et épluchures
seront étendus dans les couches, le tout sera
recouvert d'une forte couche de terre ; on
fera des trous avec un piquet et on arrosera
abondamment avec le bon purin : voilà tout le
secret. Il faudrait avoir bien peu d'intelligence
pour être embarrassé dans cette préparation
des riches fumiers, préparation facile dans les
plus grandes fermes comme dans les plus
petits jardins. Ce fumier doit être coupé avec
une tranche pour mêler les couches, après
cinq ou six arrosages : dans l'espace de quinze
jours, le fumier est terminé ; on peut s'en servir pour toute production et sur toute espèce
de terre.

D. Quels sont les autres moyens d'augmenter la richesse des fumiers et des terreaux ?

R. Il faut avoir toujours à l'abri, sous le
hangar, ou dans la grange, un mélange de
chaux, plâtre, cendres, sel et suie ; ce mélange est très-utile pour répandre entre chaque couche de fumier quand on monte le tas.
Il est utile pour enrichir le purin, à mesure
qu'on y ajoute de l'eau ; il est très-utile aussi
pour fabriquer des terreaux sous le hangar.

Cependant, le Cultivateur trop pauvre pour acheter quelques barriques de chaux, quelques cents de plâtre, de suie et de sel, s'enrichira quand même avec de la terre seule, dans ses fumiers, et en mettant des fumiers d'étables, de latrines et de poules dans son purin ; mais il ne s'enrichira pas si promptement, parce que son fumier et ses terreaux ne seront pas si riches. C'est facile à comprendre, la terre rend comme on lui donne : si on lui donne un riche fumier, elle rend de riches récoltes ; mais si on lui donne des pauvres fumiers des rues, lavés et desséchés, elle rend de pauvres récoltes.

D. Quels moyens doit employer le Cultivateur pour augmenter, chaque jour, la quantité de ses fumiers ?

R. Le Cultivateur qui veut résolûment s'enrichir promptement et être heureux, doit établir deux tas de fumier : un de chaque côté du grand réservoir à purin. Par ce moyen, il aura toujours un tas de fumier fini et qui devra être enlevé le plus promptement possible, et un autre en commencement, mais toujours couvert d'une couche de terre.

Le Cultivateur prendra la bonne habitude,

tous les matins, avant d'aller travailler aux champs, de sortir de l'étable quelques brouettées de fumier, le plus gras possible, de l'étendre sur le tas de fumier en commencement, et de suite il recouvrira ce fumier d'une couche de terre prise sous le hangar ; il fera exactement le même ouvrage tous les soirs après la journée, ayant soin d'arroser le tout au moins deux fois la semaine avec le riche purin du grand réservoir ; par ce moyen, on peut compter une heure d'ouvrage, matin et soir, 2 fr. d'augmentation de bon fumier chaque jour, 12 fr. par semaine, 48 fr. par mois, et 100 louis d'or de 5 fr. par an, c'est-à-dire 500 fr., valeur en bon fumier.

Tout Cultivateur sait bien qu'un tas de fumier vaut un tas de louis d'or. Il faut donc augmenter les tas de fumier le plus possible.

Les Cultivateurs ne font jamais assez de fumier, et il n'en feront jamais trop ; mais, cependant, qu'ils essaient, à passer plus de temps à faire plus de fumier, et ils verront avec quelle rapidité ils s'enrichiront.

D. Quels sont les autres moyens d'augmenter les fumiers ?

R. Aussitôt qu'on aura gagner quelques centaines de francs, il faudra faire bâtir des hangars plus solides et plus grands ; on creusera une grande fosse sous ces hangars et on y étendra, couche par couche, du fumier et des terres toujours saupoudrées du mélange de chaux, plâtre, sel, cendres et suie. Lorsque la fosse sera pleine, on fera des trous avec un piquet , on arrosera abondamment ce mélange avec le bon purin du grand réservoir, et on étendra de la terre sur le tout ; ensuite, on pourra marcher , travailler sur ce fumier, comme si rien n'était : il sera au niveau du sol. Trois mois après, on retirera de la fosse un très-riche engrais concentré, qui ira porter, sur les champs, la fertilité, la richesse et l'abondance. On recommencera aussitôt à remplir la grande fosse, et cela quatre fois dans l'année.

Le plus riche fumier de France se fait à Melle, département des Deux-Sèvres ; il se fait de cette manière : dans des caves et sous des hangars.

C'est encore un moyen de s'enrichir qu'il ne faut pas négliger.

D. Par quels moyens la bonne ménagère peut-elle aider à augmenter la quantité et la richesse des fumiers de la ferme ?

R. La bonne ménagère fera bien attention de vider, dans le grand réservoir à purin, les eaux du savonage et de la lessive, et tous les matins, les pots de nuits qu'elle doit mettre sous chaque lit de la maison; il ne faut plus perdre les urines, c'est un riche engrais pour la terre.

La bonne ménagère doit prendre l'habitude de faire lever toute les vaches et toutes les bêtes un quart-d'heure avant de les détacher pour les envoyer aux champs ; par ce moyen, les bêtes se vident dans l'étable et ne perdent pas autant de bon engrais dans les cours et les chemins (10 centimes d'engrais gagné chaque jour, font 36 francs au bout de l'année). Pendant que les bêtes sont aux champs, il faut veiller que la litière soit faite avec soin et raisonnement ; il faut bien étendre les bouses et la paille également.

La litière bien faite augmente beaucoup la quantité et la richesse du fumier; il ne faut donc pas négliger ce moyen de richesse.

D. Est-ce une bonne hahitude de faire du fumier dans les rues, dans la cour et autour de la maison ?

R. Non, c'est une très-mauvaise habitude, qu'il faut absolument mettre de côté, si l'on veut s'enrichir et vivre heureux, en cultivant la terre, parce que le fumier des rues est un pauvre fumier, qui vient appauvrir celui de l'étable, que l'on y mélange.

Le fumier des rues est encombrant, difficile à enterrer avec la charrue, qui l'entraîne et forme des paquets. Le fumier des rues soulève la terre, ce qui détruit beaucoup de froment dont les racines ne peuvent souffrir les terres soulevées. Le fumier des rues fermente très-mal dans les tas de fumier ; il est moisi, parce qu'il n'est pas assez pressé, parce qu'il n'est pas arrosé avec des purins. Le fumier des rues porte dans les champs le poison et la vermine, avec une foule d'œufs d'insectes et de mauvaises graines, qui empoisonnent les terres. Le fumier des rues ne donne que des demi-récoltes, et quand la saison est contrariée, il donne un quart de récolte, ce qui ruine le Cultivateur. Le fumier des rues entretient des bourbiers, des creux dans les cours, des eaux croupissantes et toute espèce de malpropreté insalubre dans la cour, près des demeures, aux abords des étables, écuries ; souvent même on ne sait pas où mettre les pieds, ce qui entretient l'habitude du désordre, de la malpropreté et de l'insouciance, cause la perdition des engrais, l'insalubrité des demeures et beaucoup de misère.

Pour toutes ces raisons, on ne fera plus de fumier dans les rues et dans les chemins ; on réservera toutes les feuilles, bruyère, fougère, lande et genet, pour mettre dans les étables sous les bêtes.

La cour de la ferme doit être dressée et entretenue propre ; jamais aucune espèce de litière à traîner. Aussitôt qu'on apercevra une bouse ou du crottin de cheval, il faut aller immédiatement les ramasser, et les jeter dans le réservoir à purin.

Le maître et la maîtresse de la ferme, doivent donner les premiers l'exemple à leurs enfants, de l'ordre, de la propreté et du soin des engrais. C'est par là que l'on reconnaît le bon Cultivateur qui connaît son métier ;

d'ailleurs c'est le plus sûr moyen de s'enrichir rapidement en cultivant la terre.

D. Comment faut-il préparer les fumiers avec des feuilles dans le coin des champs ?

R. Les feuilles doivent être mêlées avec moitié de terre et un peu de chaux, quand on les met en tas au coin des champs ; par ce moyen elles pourrissent mieux, et lorsqu'on les mélange avec le fumier, il faut bien fouler ce fumier de feuilles et le recouvrir d'une forte couche de terre ; il ne faut pas oublier de venir arroser ce fumier avec le bon purin du grand réservoir, qu'on apportera dans une barrique.

C'est le vrai moyen de s'enrichir en cultivant la terre.

D. Quels sont les autres moyens d'augmenter les fumiers de la ferme ?

R. Il faut préparer à l'avance , dans le coin des champs éloignés , de gros tas de pellées de gazon , de terre prise autour des champs , et celle provenant de la curure des fossés et du nettoyage des routes , et toutes espèces de terres mêlées ensemble ; on apportera quelques charretées de bon fumier préparé , que l'on mêlera aussi avec le tout ; on arrosera deux fois ces gros tas de fumier avec le purin du grand réservoir, qu'on apportera dans une barrique.

C'est une grande avance de trouver son fumier tout rendu quand vient le temps des semailles et des plantations.

C'est un moyen de s'enrichir qu'il ne faut pas négliger ; mais pas de richesses rapides, ni de bonheur assuré pour le Cultivateur qui n'arrosera pas ses fumiers et ses terreaux avec le bon purin du grand réservoir.

D. Peut-on donner aux fumiers de ferme et aux terreaux une très-grande puissance fertilisante ?

R. On peut donner aux tas de fumier de la ferme une richesse et une puissance fertilisante énormes, extraordinaires ; il suffit de jeter, dans le réservoir à purin, un ou deux sacs de guano du Pérou ; on brasse, et lorsque le guano est fondu, on arrose abondamment le tas de fumier avec le purin ainsi saturé.

Le lendemain, on coupe à la tranche ce fumier, pour le mêler avec de la poussière d'os. Ce fumier alors est trop riche pour le laisser exposé au soleil et à la pluie ; il faut l'abriter sous un hangar, le recouvrir légèrement avec de la terre, et l'employer le plus promptement possible.

Avec ce fumier, on obtient par hectare 40 hectolitres de blé, 100 mille kilog. de betteraves, rutabagas et carottes, 8 mille kilog. de foin sec, et d'énormes productions de fourrages verts.

D. L'eau ne manquera-t-elle pas souvent au Cultivateur, pour sa fabrique de bon purin?

R. Si le Cultivateur ne peut pas se procurer de l'eau à volonté, facilement et sans frais, pour remplir son réservoir à purin à mesure qu'il en prendra, c'est un malheur, car il ne s'enrichira que lentement.

L'arrosement des fumiers et des terreaux avec le purin étant une des premières conditions de la richesse rapide du Cultivateur, il fera en sorte d'avoir sa fabrique de fumier près d'une source ou d'un ruisseau.

D. Si la cour de la ferme est entretenue toujours propre autour de la maison, où la ménagère jettera-t-elle les débris et les épluchures de la cuisine?

R. Il faut creuser une petite fosse, près de

la porte d'entrée, où la ménagère jettera les balayures, les débris de la cuisine et les eaux de lavage. Une planche doit recouvrir cette petite fosse à fumier.

C'est encore un moyen de s'enrichir qu'il ne faut pas négliger.　　　　PICHERIE-DUNAN.

Je recommande d'acheter du sel avarié, pour enrichir les purins et les fumiers.

CHAPITRE II.

L'amélioration des champs. — Augmentation de la couche végétale. — Richesse des terres. — Leurs défauts corrigés.

D. Quels moyens faut-il employer pour améliorer les champs ?

R. Il faut labourer profondément cinq à six traits de charrue tout autour du champ, et le plus près des haies possible ; ensuite, il faut relever toute cette masse de terre, en former des tombes, des grands terriers. Lorsque le champ est libre, et toujours par un temps très-sec, on transporte ces grandes quantités de terre également sur tout le champ ; par ce moyen, il sera bombé et l'eau des pluies viendra s'égoûter tout autour du champ.

C'est le bon moyen d'assainir, de réchauffer les terres froides et mouillées , de raffraichir les terres trop sèches , de faciliter les labours profonds et de renouveler, de rajeunir les terres. Les champs s'égouttent facilement, les engrais produisent plus de profit, les récoltes sont mieux assurées.

C'est un très-bon moyen de s'enrichir en cultivant bien la terre.

D. Ce travail du transport des terres, n'est-il pas trop rude, trop difficile pour les petits fermiers qui n'ont pas la force et les moyens ?

R. Le plus petit, le plus pauvre fermier doit faire ce travail qui enrichit sûrement et promptement, mais il ne faut en faire chaque année que ce que l'on peut, c'est-à-dire selon ses forces.

Si l'on n'a pas de charrue à sa disposition , alors avec des pelles, des pioches et des tranches, on formera les gros terriers tout autour des champs, puis on laissera mûrir tout cela ensemble, et quand le temps sera venu, les hommes , les femmes et les enfants transporteront toutes ces terres sur le champ avec des traîneaux, des brouettes, des civières, des sacs, des paniers ; mais il faut absolument faire ce bon travail du mélange des terres, qui augmente beaucoup les récoltes pendant une longue suite d'années. Jamais on ne doit regretter sa peine, car elle est toujours largement payée.

D. Lorsque les terres sont en pente et qu'elles s'égouttent facilement, est-il utile de faire ces terrages des champs ?

R. Il est toujours très-avantageux de former de gros terriers avec la terre qui se trouve toujours en quantité le long de la haie, dans le bas des champs en pente, et de remonter toute cette masse de terre, pour en garnir fortement la hauteur et le milieu du champ : les bénéfices de ce travail sont toujours considérables.

C'est un vrai moyen de s'enrichir qu'il ne faut pas négliger.

D. Lorsque les champs sont fortement en pente, comment faut-il labourer la terre ?

R. Il faut former les sillons ou les planches toujours en travers, mais jamais de haut en bas, afin d'empêcher les terres d'être entraînées par les pluies d'orage.

Il faut aussi creuser un grand fossé au bas du champ ; ce fossé sera fermé des deux bouts, afin que toutes les terres entraînées par les pluies s'y déposent ; plus tard, on retire de bons terreaux de ces fossés.

C'est ainsi qu'il faut conserver ses terres, afin d'augmenter ses richesses.

D. Quels moyens faut-il employer pour améliorer les mauvaises terres d'argile, lourdes, froides et mouillées, et les terres trop sablonneuses, trop brûlantes ?

R. Il faut commencer comme il a été dit, par transporter énergiquement les terres des alentours sur le champ pour l'égoutter, et si l'argile domine par trop, il faut alors chercher dans les alentours, creuser afin de trouver du sable ou du gravier, que l'on transporte à plusieurs centimètres d'épaisseur sur le mauvais champ. On fait le mélange avec la charrue et la herse. Par ce moyen, on a vu des Cultivateurs devenir très-riches. Si, au contraire, les terres sont trop légères et brûlantes, on écrase des terres argileuses, que l'on mêle en quantité avec son fumier. Par ce moyen, on enrichit considérablement les terres trop légères.

D. Comment faut-il employer la chaux pour l'amélioration des terres ?

R. On doit mettre la chaux à fondre dans des tombes de terre faites autour des champs, près des haies ; il faut que la terre soit bien sèche quand on y renferme la chaux vive : il se trouve toujours assez d'humidité pour la faire fuser ou fondre ; il faut environ vingt fois autant de terre que de chaux ; il faut brasser, afin de bien mêler la terre et la chaux, deux fois au moins avant de l'employer.

Il ne faut jamais mêler de fumier dans les tombes de chaux, si l'on veut s'enrichir.

En même temps qu'on apprête son terrier avec de la chaux, il faut aussi apprêter de gros tas de bon fumier, sur le coin du champ. On fera une rangée de terre chaulée et une rangée de bon fumier. Il faut faire les tas plus petits et plus rapprochés les uns des autres ; puis étendre la chaux et le fumier également, et enterrer le tout le plus promptement possible.

Si l'on a mis 40 hectolitres de bonne chaux à l'hectare, c'est assez pour 8 ans, sans mettre d'autre chaux.

C'est ainsi qu'il faut employer la chaux si l'on veut s'enrichir en cultivant la terre.

Mais qu'on ne s'avise jamais de mêler des fumiers avec les tombes de chaux, car on se ruinerait sûrement tôt ou tard.

D. Quels sons les autres moyens d'améliorer les terres ?

R. Par les labours profonds avant l'hiver, par les cultures fourragères et les racines bien sarclées et très-espacées ; mais c'est surtout par les abondantes fumures faites avec les fumiers produits et préparés dans la ferme, qu'on est bien assuré d'améliorer ses terres et de s'enrichir. PICHERIE-DUNAN.

On ne saurait trop recommander le déboutage des champs chaulés.

CHAPITRE III.

Grande amélioration des prairies. — Doubles récoltes de bons foins. — Etablissement des herbages et des gras pâturages.

D. Quels moyens faut-il employer pour augmenter et améliorer le foin des mauvais prés ?

R. Il faut commencer par creuser des douves ou des fossés pour assainir les prés trop mouillés. Il faut enlever de suite toutes les terres sorties des douves et fossés, afin que l'eau puisse s'égoutter.

Il faut former de grands terriers tout le long des haies du pré avec de la terre prise tout autour ; on laissera mûrir en tombes toutes ces masses de pellées de gazon et de terre, et puis on apportera quelques charretées de bon fumier, on les mêlera avec ces grands terriers, que l'on coupera bien menu avec la tranche ; ensuite, il faut arroser deux fois ces grands terriers avec le bon purin du grand réservoir, que l'on apportera dans une barrique. Cet arrosement est absolument nécessaire pour doubler le foin.

Il faut étendre ces terriers bien également sur le pré avant l'hiver, si le pré n'est pas exposé aux inondations ; mais on le répandra aussitôt après la fauche, si le pré risque d'être inondé, afin que l'eau ne détruise pas l'effet toujours admirable de ce terrage fertilisant des prés.

D. Faut-il fumer les prés souvent ?

R. Il faut fumer les vieux prés tous les trois

ans. On en fumera le tiers chaque année, avec de bon terreau ; mais les jeunes herbages, les jeunes prairies, il faut les fumer tous les ans, pendant les quatre premières années, avec une grande quantité de bon terreau, finement préparé et abondamment arrosé avec le riche purin du grand réservoir.

Ces terrages sont nécessaires pour augmenter promptement la couche de fin terreau qui doit assurer la bonté permanente du pré.

Les fumures avant l'hiver sont les meilleures pour les jeunes prés.

D. Comment peut-on détruire les mauvaises herbes des prés ?

R. Le gardien des bêtes au pâturage doit emporter un panier fait avec des planches minces, une large truelle en fer ou tôle, et un outil pour couper à la racine et détruire toutes les mauvaises herbes qu'il verra dans les prés. La truelle et le panier doivent lui servir à ramasser et mettre en petits tas toutes les bouses et les crottins des bêtes ; on viendra chercher cet engrais avec la charrette. Ces bouses, lorsqu'on les laisse sur les prés, forment des touffes de grosses herbes qui nuisent beaucoup aux pâturages, et souvent même forment des buttes qui nuisent à la fauche des foins.

Il faut toujours avoir à l'avance de gros tas de terreau sur les coins des prés ; il faut retourner les herbes à mesure qu'elles paraissent sur les terreaux, et y mêler des poudres d'os.

D. Quels sont les autres moyens d'améliorer les prés ?

R. On fera son possible pour amener beaucoup d'eau par des rigoles, sur le haut des prés en pente ; alors il faut creuser un large réservoir au haut du pré ; lorsqu'il sera plein d'eau, on débrassera un peu de fumier et de chaux, et lorsque l'eau sera bien fertilisée, on lèvera la planche qui sert d'écluse, et toute l'eau du réservoir se répandra sur la prairie par des rigoles bien disposées.

Ce genre d'irrigation double le foin des prés et donne un gras pâturage toute l'année.

Tous les champs en pente qui offrent l'avantage d'avoir de l'eau sur la hauteur, doivent être convertis en prés.

C'est encore un moyen sûr de s'enrichir.

D. Quel attention faut-il prendre pour la fauche des foins ?

R. Il faut faucher les foins aussitôt que les fleurs commencent à passer, c'est le moyen d'avoir de bon foin, un beau reguin, et de conserver la bonté de la prairie ; car le foin qui sèche sur pied ne vaut pas la paille, et il abîme le pré. PICHERIE-DUNAN.

Je recommande de bien soigner les vieilles prairies et d'en faire de nouvelles.

CHAPITRE IV.

Choix du bon bétail, des bons animaux. — Leur élevage, leur engraissement, leur bonne alimentation. — Conservation de leur santé.

D. Quels sont les meilleures espèces de bétail réunissant les avantages du travail, de l'engraissement et de l'abondance du lait ?

R. Ce sont les races Nantaise, Vendéenne, Parthenaise, Bretonne et Choletaise.

Ces excellentes races conviennent très-bien à nos pays ; il faut choisir ce qu'il y a de mieux dans chaque race, en mâles et femelles, pour les améliorer de plus en plus par eux-mêmes, par les bons soins, les bons logements et la bonne nourriture.

D. Quels sont les signes généraux qui font

reconnaître facilement le bon bétail , les bons animaux ?

R. Le bon bétail se reconnaît facilement , car il est bien signalé : par une tête petite, les jambes courtes et minces , les reins larges et droits, les côtes rondes et le corps allongé.

Ce même signalement peut servir également pour reconnaître les bons bœufs , les bonnes vaches, les bons moutons et les bons porcs ; tous les bons animaux ont en général la tête petite, les jambes courtes et minces, les reins larges et le corps allongé.

Le mauvais bétail , les mauvais animaux se reconnaissent par une grosse tête, les jambes longues et grosses , les reins étroits , les côtes plates et le corps court. Le poil du mauvais bétail est ordinairement long et rude.

Il faut savoir cela pour s'enrichir en cultivant la terre.

D. A quels signes particuliers peut-on reconnaître une très-bonne vache de service , laitière et beurrière ?

Une très-bonne vache doit avoir la tête petite, fine ; les nazeaux bien ouverts ; de grands yeux doux et vifs, recouverts par des paupières

minces, très-mobiles et ornées de longs cils ;
les cornes minces et luisantes ; l'encolure mince, peu de fanon ; les jambes courtes, fines ;
les tendons bien dessinés ; la queue mince ; la
peau souple, mince, bien détachée des côtes ;
le poil fin, lisse, luisant et bien couché sur la
peau ; le corps allongé ; les reins larges ; l'a-
meille doit avoir la peau mince, souple, garnie
de veines, recouverte d'un duvet rare et fin ;
les veines à lait, doubles, fortes et faisant
beaucoup de détours ; les fontaines larges ;
l'ameille grosse, mais pas charnue, prolongée
sous le ventre ; les trayons moyens, écartés à
à égale distance ; la peau de l'ameille d'une
belle couleur jaune, surtout entre les cuisses,
signe de bon lait crêmeux. Si elle a des taches
noires à la langue et au palais, c'est signe de
bonne laitière ; si elle a le carreau (c'est une
dureté qui se trouve au bas de la peau qui
tombe entre les jambes de devant), c'est le
signe d'une très-bonne beurrière. L'écusson
doit être bien développé (c'est le poil fin mon-
tant derrière les cuisses jusque sous la queue) ;
plus cet écusson est large et monte également
des deux côtés sans interruption, plus la vache

aura de bonté ; mais si on aperçoit dans l'écusson un ovale en gros poil descendant, c'est un mauvais signe.

Les bonnes vaches de service se tiennent ordinairement plutôt maigres que grasses.

D. Quels soins faut-il prendre des vaches laitières ?

R. Les vaches laitières doivent être bien logées, dans une étable propre ; les murs doivent être blanchis à la chaux, bien aérés dans le haut ; il faut bouchonner, brosser les vaches, chaque jour, les entretenir très-propres ; avant de tirer les vaches, il faut avoir soin de laver l'ameille avec une grosse éponge trempée dans de l'eau tiède, le lait vient toujours plus facilement, les vaches sont plus vite tirées, le lait est plus propre, et il n'y a pas de bouse ni d'urine dans le lait ; le beurre est meilleur et se conserve mieux.

Il faut tirer les vaches bien net, car le lait qui vient le dernier donne dix fois plus de crême que le premier, et puis, on fait tarir les vaches quand on ne les tire pas bien net.

Il faut toujours parler aux vaches avec douceur et les caresser souvent. On fera bien de donner un nom à chaque vache ; ainsi , on les appellera : la Brune , la Blonde , la Rousse , la Grise, la Châtain, la Violette, la Noire, la Normande, la Bretonne, etc. Bientôt elles obéiront à l'appel de leur nom. Il en est de même pour les bœufs et les élèves.

Tout le bétail, vieux comme jeune, doit être soigné de la même manière.

D. Comment faut-il nourrir les vaches laitières , pour en retirer de très-grands bénéfices ?

R. Il faut donner aux vaches laitières de bons fourrages verts mêlés de paille pendant l'été, et des choux , des racines de plusieurs espèces pendant l'hiver.

Mais pour avoir beaucoup et de bon lait des vaches, il faut absolument couper, hacher menu la paille, le foin, les fourrages verts et les racines ; il faut mélanger le vert, le sec et les racines , ensemble, sur une grande table, dans le coin de la grange ; il faut absolument arroser ce mélange avec de l'eau salée , et on répandra par-dessus un peu de bon son ou de grossière farine.

Voilà la véritable bonne soupe des vaches ,

et qui leur fait donner du lait très-crêmeux et du beurre en abondance.

On doit donner les repas toujours à la même heure ; il faut aussi avoir de bons et gras pâturages à donner aux vaches laitières pendant une partie de la journée ; mais il faut les envoyer au pâturage seulement quand il fait beau, et jamais par les grands froids, les grands vents et les grandes chaleurs. Il faut bien veiller à ce que les vaches laitières boivent beaucoup et de bonne eau, car plus les vaches boivent, plus elles donnent de lait et de beurre. Il faut absolument saler la nourriture des vaches, hiver comme été, afin de les exciter à boire. Une livre de sel donne 1 fr. de bénéfice en plus. Il faut savoir cela pour s'enrichir.

D. Est-il bien utile de hacher menu les choux, la paille et le foin avant de les donner aux vaches ?

R. On a reconnu et constaté que les choux, le foin et la paille étant hachés menu, puis mélangés avec des racines et arrosés légèrement avec de l'eau salée saupoudrée de son, donnaient moitié plus de bénéfice au Cultivateur. Un millier de foin en vaut deux.

Il faut avoir soin de préparer la nourriture la veille pour le lendemain.

Il faut aussi préparer la nourriture de cette même manière pour les bœufs et les élèves.

C'est un moyen assuré de s'enrichir rapidement, surtout si on y emploie le sel, chose nécessaire.

D. Le Cultivateur qui nourrira avec tant d'abondance ses vaches, ses bœufs et toutes ses bêtes, ne sera-t-il pas promptement à bout de ses provisions d'hiver ?

R. Le Cultivateur qui suivra les conseils du *Livre aux 100 louis d'Or*, ne manquera jamais de nourriture pour ses bêtes ; il pourra hardiment leur donner, chaque jour, double ration de bonne nourriture, pendant toutes les saisons de l'année, mais c'est à la condition qu'il produira quatre fois plus de riches fumiers pour ses champs et ses prés. C'est le seul moyen de pouvoir labourer plus profondément ses terres, et de doubler toutes ses récoltes de blé, de paille, de foin, de choux, de betteraves, de rutabagas, de carottes, de pommes de terre, de trèfle et fourrages de toute espèce. Oui, le Cultivateur qui possède des quantités de bon fumier, sera riche, et pourra nourrir ses bestiaux autant qu'il voudra, et en avoir le double. Ainsi donc, du fumier, du bon fumier, encore du fumier : toute la richesse du Cultivateur est là, il ne faut pas l'oublier.

D. Comment le Cultivateur peut-il s'assurer à l'avance s'il aura assez de nourriture pour toutes ses bêtes jusqu'à la récolte prochaine ?

R. Le bon Cultivateur qui veut s'assurer de la nourriture de son bétail, fera botteler tout son foin à l'avance, en le mêlant avec un peu de paille ; il calculera combien il peut en donner de bottes chaque jour à chaque bête, pour en avoir de reste à la récolte prochaine. Il comptera combien on a mis dans le silos de panerées de betteraves, de rutabagas, de pommes de terre et de carottes, afin de savoir combien de panerées il peut donner chaque jour à toutes ses bêtes, pour en avoir jusqu'aux premières coupes de fourrages primes, au printemps, de seigle, avoine, jarrosse, trèfle incarnat, etc., qu'il pourra semer en grande quantité, puisqu'il aura toujours à sa disposition des masses de riches fumiers, mêlés de terre, saturés d'urine et de bon purin.

Non, non, le bon Cultivateur n'entendra plus ses pauvres vaches beugler par la faim ; il ne sera plus obligé de rogner la ration de ses bêtes. Le bon Cultivateur ne travaillera plus en aveugle et à l'aventure, mais il sera bien tranquille désormais pour la nourriture de son bétail, et pourra l'augmenter à volonté.

Le bon Cultivateur qui suivra les conseils du *Livre aux 100 Louis d'or,* sera donc heureux, car il amassera de grandes richesses, il peut en être bien assuré.

D. Comment fait-on les silos pour la conservation des racines pendant l'hiver ?

R. On choisit un endroit un peu élevé tout près de la maison ; sur cet emplacement, on met une couche de paille ; sur cette couche de paille, on entasse les betteraves, les rutabagas, les pommes de terre, etc. On recouvre entièrement de paille le tas de racines. Sur cette paille on met une forte couche de terre de 30 à 40 centimètres d'épaisseur ; on trouve cette terre en creusant un grand fossé tout au tour du silo ; le fossé doit être plus profond que la première couche de paille ; il faut que l'eau puisse s'écouler facilement de ce grand fossé.

On réserve plusieurs portes dans le bas , que l'on bouchera à volonté par les beaux temps ; on doit veiller si la pourriture ou si l'échauffement ne se met pas dans ces gros tas de racines ; il vaut mieux allonger le tas pour qu'il n'y ait pas tant de racines les une sur les autres.

Voilà comme on peut très-bien conserver des masses de racines dehors sans craindre les plus fortes gelées.

D. Comment faut-il élever les veaux ?

R. Il ya trois manières d'élever les veaux : la première, quand on veut élever un veau de choix, c'est de le laisser en liberté téter sa mère, alors il faut la séparer des autres vaches par une barrière, afin que le veau ne soit pas blesser ; il faut aussi barbouiller le ventre du veau avec un mélange d'eau, de suie et de bouse, pour empêcher la mère de le lécher, ce qui l'empêche de profiter.

Le veau qui tète en liberté devient toujours plus beau que les autres et n'est presque jamais malade.

La deuxième manière , qui est la plus ordinaire , c'est d'attacher le veau et de le faire téter plusieurs fois par jour, le plus souvent on le fait téter trois fois seulement ; mais trois fois ce n'est pas assez, car le veau est trop affamé, alors il se jette sur les trayons avec trop d'avidité, quelquefois même il les déchires et prend des indigestions qui lui donnent la diarrhée ; il donne aussi des coups de tête qui fatiguent beaucoup la mère. Pour éviter tous ces inconvénients, il faut faire téter le veau cinq fois par jour, à des heures fixes : ces précautions donnent plus de peines et de soins, mais on en est bien récompensé.

La troisième manière d'élever les veaux, et que l'on fera bien d'adopter, c'est d'enlever le veau à sa mère aussitôt sa naissance. On le tient chaudement soigné, puis, quelques heures après, on tire la mère et on présente le lait dans un baquet au nouveau-né. Mais pour l'accoutumer à boire, il faut lui tenir la bouche dans le baquet et lui faire sucer le doigt qu'on lui met entre les lèvres : au bout de trois ou quatre jours il boit tout seul ; quelques semaines après on écrême le lait et on met du bon foin bien foulé dans un grand pot, on verse de l'eau bouillante dessus, on le couvre et le lendemain on mélange cette eau de foin avec le lait écrémé. Plus tard on y ajoute un peu de farine d'orge ou d'avoine, on fait une bouillie un peu épaisse et on lui donne à boire à part ; après cela le veau mange bien et profite rapidement. Par ce moyen, les vaches sont plus commodes à tirer, conservent mieux leur bonté et leur douceur, elles donnent mieux leur lait ; puis on peut mieux rationner les veaux, et en élever un plus grand nombre avec moins de vaches. On leur prépare une petite écurie séparée, bien propre ; il faut que la boisson des jeunes veaux soit tiède. Les veaux élevés au baquet sont toujours d'un caractère plus doux que les autres.

D. Comment faut-il soigner les jeunes veaux qui ont la diarrhée ? Comment peut-on éviter cette maladie ?

R. On évite cette maladie des veaux en les faisant téter cinq fois par jour au lieu de trois : on doit veiller à ne pas leur faire prendre trop de boissons farineuses. On les guérit promptement en les mettant à la diète, en les laissant téter la moitié de leur content ; il faut supprimer la moitié du lait de ceux qui sont élevés au baquet et ajouter de l'eau ; il faut aussi tenir les veaux malades bien chaudement et leur frictionner le dos et les jambes, ce qui leur fait beaucoup de bien.

D. Que doit faire le Cultivateur pour obtenir de beaux veaux ?

R. Il doit mener ses vaches au plus **beau** taureau des environs ; il ne faut pas craindre sa peine pour les conduire un peu plus loin, et il ne faut pas regarder à payer un peu plus cher ; car les veaux de bonne espèce se vendent souvent le double de ceux qui viennent de vilains petits taureaux.

Il faut aussi bien soigner la **jeunesse des** jeunes veaux, surtout pendant l'hiver qui suit leur naissance ; c'est le moyen d'avoir de beaux taureaux et de faire de beaux jeunes bœufs et de belles génisses.

D. A quel âge faut-il conduire les **génisses** au taureau ?

R. On doit conduire les génisses au taureau selon qu'elles ont grandi et pris de la force : il y en a qui sont assez fortes à seize mois, et d'autres où il faut attendre vingt-quatre mois.

Cependant, il ne faut pas trop retarder les génisses qui entre en chaleur, car elles pourraient devenir stériles ; il ne faut pas non plus se presser, [car on arrêterait la croissance des vaches.

On doit donc avancer la génisse qui est disposée à beaucoup grandir et retarder celle qui est restée petite.

D. Par quels signes peut-on reconnaître les beaux veaux d'élève ?

R. Un beau veau d'élève doit avoir le poil doux et un peu long, la peau mince, bien détachée des côtes, la tête plutôt petite que grosse, les yeux bien sortis, peu de gorge, la poitrine ronde, les hanches fortes, les mollettes, l'os du haut des cuisses développé, le flanc étroit, les reins, la croupe et les épaules de la même hauteur, les cuisses arrondies en dedans comme en dehors, les jarrets larges, les avant-bras gros, les jambes courtes et menues et les pieds fins. Il ne faut pas mesurer les veaux avec un bâton, car souvent les plus mauvais veaux sont perchés sur des jambes longues et grosses. La couleur n'y fait rien.

Le Cultivateur qui suivra ces indications aura les plus belles bêtes et s'enrichira.

D. Quand on veut être sûr d'acheter des veaux de bonnes races, que faut-il faire ?

R. Il faut aller les choisir dans l'étable où ils sont nés, par ce moyen on voit l'espèce, on connaît le père et la mère, et on ne risque pas de se tromper.

CHOIX DES BONS BŒUFS.

D. Comment reconnaît-on les bœufs bons pour le travail et qui prennent facilement la graisse ?

R. Les bons bœufs sont faciles à reconnaitre ; ils ont la tête petite, les jambes courtes, les cuisses et les fesses bien descendues, le jarret bas, les reins larges et droits, le corps allongé, l'œil grand et bien ouvert, les oreilles fines, minces, très-mobiles, le poil des oreilles rare et soyeux, les côtes rondes, la peau mince, fine, bien détachée des côtes, le poil brillant et court, la queue mince, fine, les épaules bien musclées. Voilà les bœufs qui donnent de grands profits pour le travail et l'engraissement.

D. Comment peut-on reconnaitre un bon taureau ?

R. Un bon taureau doit avoir une tête courte, large ; nazeaux bien ouverts, yeux grands, regard doux mais franc et assuré ; oreilles fines, amincies, bien découpées et mobiles ; poitrine bien développée, jambes courtes bien musclées et d'aplomb, croupe large, corps allongé, fesses et cuisses bien culottées et descendues, ventre peu volumineux , dos et reins droits , côtes arrondies, peau fine , souple , recouverte de poils soyeux, fins, lisses et luisants ; on doit regarder l'écusson derrière la queue : ces signes ne sont jamais aussi marqués qu'aux vaches laitières, mais il ne faut pas les dédaigner.

D. Comment faut-il nourrir les bœufs.

R. Il faut nourrir les bœufs comme il a été dit pour les vaches ; il faut que la nourriture soit coupée, hachée menu, mélangée et arrosée avec un peu d'eau salée ; après, on leur donne un mélange de foin et de paille : par ce moyen on peut les entretenir gras tout en travaillant beaucoup.

CHOIX DES BONS MOUTONS.

D. Quels sont les espèces de moutons qui donnent le plus de profits ?

4

R. Les bons moutons ont la tête petite, courte, dos et reins larges et droits, épaules charnues, écartées l'une de l'autre, les côtes arrondies, croupe large, gigots bien formés, queue mince, jambes courtes, petits os, œil vif et bien ouvert, mouvements prompts et brusques, corps allongé. Voilà les espèces de moutons qui prennent le plus facilement la graisse et donnent le plus de profits.

D. Comment faut-il loger, nourrir et soigner les moutons, pour en tirer tous les profits possibles ?

R. Il faut que la bergerie soit très-aérée dans le haut par des grillages ; que les petites mengeoires soient très-profondes. On les nourrit très-bien à la bergerie tout l'hiver avec des betteraves, carrottes, pommes de terre, foin et paille, le tout haché très-menu, mélangé et arrosé légèrement avec de l'eau salée ; de plus, il faut remplir de sel des petits sacs de toile clair; on accroche ces sacs à la hauteur des moutons qui viennent les lécher, ce qui leur fait beaucoup de bien. On aura soin d'étendre dans la bergerie des terres sèches mélangées de chaux et de sel, ce qui empêche et guérit du piétin et augmente beaucoup les engrais de la ferme. Tous les huit jours il faut étendre des terres sèches sous les moutons et leur donner de bonne eau à boire. Si la bergerie est à clairvoie, bien placée, bien aérée et très-vaste, on peut très-bien entretenir des moutons et des brebis toute l'année dans la bergerie, sans maladie : l'expérience en a été faite. Les profits sont considérables si on a beaucoup de racines à leur donner, mais surtout ne pas oublier le sel dont ils ont grand besoin pour leur santé et pour produire beaucoup de belle laine.

CHOIX DES BONS PORCS, LEUR ENGRAISSEMENT ÉCONOMIQUE.

D. Comment reconnaître les bons porcs, et par quels moyens les engraisser rapidement ?

R. Les meilleurs porcs ont la tête petite, le grouin court, le dos et les reins larges et droits, les jambes courtes et mince, le corps allongé, les côtes rondes, la peau fine et mince, le poil rare et fin, la queue mince, vivacité dans les mouvements. Voilà les porcs qui donnent le plus de profits.

Pour engraisser rapidement les porcs, il faut leur donner toutes espèces de légumes hachés, écrasés, mélangés et arrosés d'eau bouillante toujours un peu salée, car plus la nourriture est aigre et chaude meilleure elle est. Il faut bien régler leurs repas et le leur donner toujours à la même heure, ils engraisseront plus vîte. Le lait aigre, le blé-noir et le maïs, écrasés et salés, les engraissent également très-vite ; mais pour les voir profiter et engraisser avec une rapidité étonnante, il faut prendre une brosse de chiendent, la tremper dans l'eau tiède où on a jeté une poignée de cendre, et brosser le cochon avec cette lessive partout le corps, deux fois la semaine ; par ce moyen simple et facile, on double ses bénéfices. Il faut leur donner du charbon de bois à croquer, ce qui excite l'apétit et empêche les maladies. Il faut aussi les entretenir de litière, mettre beaucoup de terre dans le fond de l'écurie et de la paille dessus.

Ainsi, en achetant deux porcs de 60 fr. pièce, en bonne chair, un mois après on peut les vendre plus de 100 fr. pièce, si on a suivi exactement mes conseils. On peut recommencer ces mêmes bénéfices douze fois dans l'année.

D. Quels sont les moyens d'engraisser le bétail économiquement et rapidement ?

R. On aura plusieurs barriques défoncées d'un bout, que l'on mettra dans un lieu sec. On remplira ces barriques de trèfle, choux, navets, carottes, pommes de terre, bette-raves, foin ou paille hachée, feuilles de vigne, ajoncs, sarments, marc de pommes, des balles de blé et de colza, enfin toute espèce de nourriture coupée et hachée menu. On ver-sera un peu d'eau salée pour activer la fer-mentation ; on couvrira cette nourriture avec des planches. Vingt-quatre heures après, cette nourriture entre en fermentation ; tout cela travaille, s'échauffe, se sale tout ensemble et prend deux ou trois fois plus de bonté. Avec cette nourriture, les bœufs, les vaches, les cochons et les moutons profitent et engrais-sent à vue d'œil et ne sont presque jamais malades. Les vaches donnent beaucoup de lait et de beurre.

Si l'on veut avancer rapidement l'engraisse-ment et produire beaucoup de graisse, alors on ajoute à cette nourriture de la farine d'orge ou d'avoine, toujours salée, et veiller que les bêtes boivent beaucoup; mais il faut toujours entretenir les bêtes très-propres, les profits sont plus grands.

D. Comment prépare-t-on la paille fourragère pour le bétail ?

R. Il faut bien mélanger ensemble la paille sèche et les fourrages verts, douze heures avant de les donner au bétail, et les arroser avec de l'eau salée : c'est ce qu'on appelle la paille fourragère ; par ce moyen la paille se mange très-bien et les bêtes ne risquent pas de se dégoûter ou de se rendre malades en mangeant le vert trop promptement.

C'est encore un moyen de s'enrichir qu'il ne faut pas négliger.

LE BON CHEVAL, SA NOURRITURE ÉCONOMIQUE.

D. Comment reconnaît-on un bon cheval et quelle est sa nourriture la plus économique ?

R. Le bon cheval doit avoir la tête sèche, bien placée, les oreilles petites et rapprochées, les yeux grands et ressortis, l'encolure relevée, tranchante près de la crinière, le poitrail large, les jambes grosses par le haut et le genou large , le paturon court et ferme , le sabot droit , uni, creux par dessous , les hanches peu élevées, la croupe arrondie , les reins larges et les jarrets forts.

On peut entretenir un cheval en bon état de force et de vigueur , à très-peu de frais ; il suffit de hacher menu trois quarts de paille et un quart de foin, d'arroser légèrement ce mélange avec de l'eau salée où on a débrassé un peu de bon son. Voilà la nourriture qui entretient très-bien le cheval en force , en vigueur et en santé ; on lui donnera une poignée de foin dans les intervalles des repas ; mais lorsqu'il travaille, on donnera des carrottes , des betteraves et des pommes de terre toujours hachées , mélangées et salées. On donnera de bonne eau, mais, en été, jamais sortant du puits, car il pourrait perdre la vue.

LES BONNES POULES PONDEUSES. — LEUR ENGRAISSEMENT ÉCONOMIQUE.

D. Quelle est la meilleure espèce de volaille donnant le plus de profit pour l'élevage, les œufs et l'engraissement ?

R. La meilleure espèce de poules est celle

de grosseur ordinaire : elles ont la crète longue, couchée sur le côté de la tête , les pattes
bleues, courtes et minces, le cou court, la peau
fine et blanche, les plumes noires de préférence.

Cette espèce de poule pond beaucoup et
de gros œufs , elles engraissent facilement ,
ont la chair très-délicate et donnent de beaux
profits quand elles sont bien nourries et bien
logées.

Pour engraisser promptement les volailles,
il faut les mettre en mue dans un lieu tranquille, chaud et sombre et leur donner du maïs
ou blé de Turquie écrasé , qui a trempé dans
l'eau tiède salée ; on en fait des boulettes avec
du blé-noir crevé et des pommes de terre cuites,
le tout pétri avec du lait caillé , toujours un
peu salé , et toujours de bonne eau à boire ;
en neuf jours elles sont très-grasses.

Il faut cultiver beaucoup de maïs et de
soleils ; cette graine, mélangée de briques pilées et de glands écrasés, les nourrit très-bien
et les excite à pondre, même pendant l'hiver.

COMPARAISON ENTRE LES DIVERSES NOURRITURES DU BÉTAIL.

D. Combien faut-il donner de nourriture au

bétail pour remplacer 5 kilog. ou 10 livres de foin ordinaire ?

R. Il faut donner :

4 kilog. ou 8 livres de bon foin récolté lorsqu'il est en pleine fleur.

$5^k,500$ ou 11 livres de foin récolté après la fleur.

$7^k,500$ ou 15 livres de mauvais foin mêlé de jonc.

$7^k,500$ ou 15 livres de paille de pois.

$8^k,500$ ou 17 livres de paille de vesce.

$9^k,000$ ou 18 livres de paille d'orge.

$10^k,000$ ou 20 livres de paille d'avoine.

$10^k,500$ ou 21 livres de paille de froment.

$13^k,500$ ou 27 livres de paille de seigle.

$15^k,500$ ou 31 livres fourrages verts, pois et avoine.

$20^k,000$ ou 40 livres fourrages verts, luzerne, trèfle et vesce.

$10^k,000$ ou 20 livres pommes de terre crues.

$7^k,000$ ou 14 livr. pommes de terre cuites au four.

$13^k,500$ ou 27 livres carottes fourragères.

$15^k,000$ ou 30 livres betteraves.

$20^k,000$ ou 40 livres navets.

$22^k,500$ ou 45 livres feuilles de choux.

$2^k,500$ ou 5 livres son de froment.

$3^k,000$ ou 6 livres son de seigle.

$2^k,000$ ou 4 liv. farine de tourteau de lin et colza.

$2^k,000$ ou 4 livres farine d'orge et d'avoine.

La ration ordinaire d'un bœuf ou d'une vache

est, par jour, de 15 kilog. betteraves ou navets, et 10 kilog. de foin.

Toutes ces espèces de nourritures doublent les bénéfices du Cultivateur lorsqu'elles sont données coupées, hachées et salées.

GUÉRISON DES DIFFÉRENTES MALADIES DU BÉTAIL.

D. Quand un bœuf ou une vache est enflé que faut-il faire ?

R. Il faut lui faire avaler huit grammes d'amoniaque liquide dans un demi-litre d'eau de lessive froide , et promener la bête, en la forçant à marcher vite ; si elle ne guérit pas promptement , alors il faut lui entrer le bras dans le fondement à plusieurs reprises. Ce reremède est le meilleur de tous.

Quand on prend la bonne habitude de saler la nourriture des bêtes et que l'on mélange le vert avec le sec , on ne voit presque jamais d'enflures des bestiaux, et on voit rarement des maladies. Salez donc la nourriture.

Quand les bêtes ont des ardeurs ou des démangeaisons , on met un peu de goudron avec de l'eau dans un pot, et on bassine souvent les endroits malades : la bête sera bientôt guérie.

D. Lorsqu'une grave maladie se déclare sur un bœuf ou sur une vache, et que l'on est loin du vétérinaire, que faut-il faire ?

R. Il faut de suite saigner l'animal ; mais si la maladie est déclarée, il faut séparer la bête malade des autres bêtes et lui passer plusieurs sétons au fanon ; si les sétons rapportent beaucoup, c'est un bon signe, alors il faut lui faire avaler une grande quantité d'eau tiède, mélée de miel et de vinaigre ; ce sont les meilleurs remèdes contre les plus mauvaises maladies épizootiques.

On doit observer une diète sévère, et donner peu à peu une bonne nourriture sèche et salée.

LE CHOIX DES SEXES.

D. Le Cultivateur peut-il faire produire à ses vaches des mâles ou des femelles à volonté ?

R. Oui, cela est possible. L'épreuve en a été faite bien des fois et a très-bien réussi.

La première condition pour réussir, c'est de connaître combien de temps la vache que l'on veut faire saillir a l'habitude de rester en chaleur ; alors, si l'on veut obtenir une femelle, on fait saillir la vache aux premiers signes de chaleur; mais si l'on veut obtenir un mâle, on fait saillir la vache à la fin du temps de sa chaleur.

Voilà pourquoi il est nécessaire de connaître le temps de la chaleur, car il y a des vaches qui restent douze heures et d'autres vingt-quatre heures dans cet état.

Il faut choisir des vaches et des taureaux bien portants, dans la force de l'âge, vivant à l'air libre, c'est-à-dire allant souvent au pâturage.

Depuis que la Société d'Agriculture de Rennes a publié cette nouvelle, plusieurs agriculteurs intelligents ont fait des épreuves qui ont été couronnées d'un plein succès.

D. Quels soins faut-il prendre pour empêcher l'avortement des vaches ?

R. On peut empêcher les vaches d'avorter en évitant avec soin de les envoyer paître sur la gelée blanche du matin, lorsqu'elles sont pleines, ce qui les fait presque toujours avorter.

Lorsqu'elles sont avancées en veau, il faut, pour les empêcher de courir, leur passer la bricole normande; cette bricole les empêche également de lever la tête pour broutter les haies et les feuilles des arbres, cause d'un grand nombre d'avortements.

On ne saurait trop recommander cette bricole, qui force à paître tranquillement les plus mauvaises vaches, sans gêner leurs mouvements, comme le ferait une corde attachée aux jambes et aux cornes.

Pour avoir des bricoles normandes, écrire à l'auteur, PICHERIE-DUNAN.

Quand un bœuf boite et qu'il a le pied enflé, il faut saigner au-dessus de la partie malade ; s'il y a machure, il faut l'ouvrir et laver le mal avec de l'urine et de l'huile chaude ; si le pied est écorché, on frottera la plaie avec de la vieille graisse et le mal sera bientôt guéri. Si le bœuf ou la vache a le genou enflé, on y mettra un cataplasme de lie de vin, avec du miel et de l'ortie bouillie, ainsi que de la farine de seigle, et le genou sera bientôt guéri.

Quand un bœuf ou une vache a des battements de flanc causés par suite d'un grand travail, il faut faire bouillir de la bourrache et de la chicorée sauvage dans deux litres de lait, que l'on réduit à trois chopines, et on en donne un lavement à la bête malade ; on lui fait boire ensuite de l'eau tiède avec du sucre de poireau et du miel.

D. Lorsqu'une vache ou un bœuf, ou un élève tousse ou perd l'appétit et semble malade, que faut-il faire ?

R. Il faut de suite prendre la langue de la vache ou du bœuf avec la main, la tenir longtemps pour faire baver beaucoup : cette évacuation est très-salutaire. On ne peut s'imaginer la quantité de bétail sauvé par cette bien simple pratique. Il faut ensuite lui donner un breuvage d'orge et de miel, en tisane tiède, et frictionner le dos, les reins et les jambes fortement. Il faut mettre à la diète jusqu'au rétablissement de la santé, et saler la nourriture.

PICHERIE-DUNAN.

Je recommande de bien suivre mon livre, pour tous les soins à donner aux bestiaux.

Il faut mettre une poignée de sel dans un sceau plein d'eau, et avec un balais on en arrosera la paille, le foin, les choux, etc.

CHAPITRE V.

Les beaux blés. — Les belles cultures fourragères. — Les fortes récoltes de racines. — Moyen de ne jamais manquer de nourriture pour son bétail dans toutes le saisons de l'année, et de pouvoir leur donner double ration.

LA BONNE CULTURE DES BLÉS.

D. Les semailles primes des blés sont-elles plus avantageuses que les semailles tardives ?

R. Les semailles primes sont de beaucoup préférables, par la raison que les jeunes grains ont plus le temps de se fortifier pour résister aux gelées et aux dégels de l'hiver ; alors, au printemps les grains talent mieux, et la paille est plus forte pour résister aux pluies, au vent et aux orages.

Il faut donc semer de bonne heure, car c'est le moyen de s'enrichir.

D. Est-il bien utile de choisir de belles semences ?

R. Il faut absolument choisir le plus beau de ses grains pour semence. Voilà pourquoi il faut trier les plus beaux épis, que l'on mettra de côté avant le battage; le soir, pendant les veillées, on versera un boisseau de blé sur la table, et tout le monde de la ferme se mettra à trier les plus beaux grains, qui seront mis de côté pour semence. On recommencera tous les soirs, jusqu'à ce qu'il y en ait assez.

Il est très-utile de faire ce travail, si l'on veut s'enrichir ; il ne faut donc plus prendre sa semence dans son tas de grains, sans trier, car les grains petits, ridés et brisés par les batteurs, sont perdus en terre ou ne produisent que misérablement.

D. Comment faut-il préparer la semence pour être assuré de n'avoir ni noir ni carie dans le froment, ni argos du seigle, pour hâter la levée et garantir la semence contre les oiseaux et les insectes ?

R. Il est très-facile d'obtenir tous ces avantages ; il suffit de mettre sa semence à tremper pendant douze heures dans de l'eau tiède, où l'on a fait fondre du sel de cuisine en grande quantité, et aussi un peu de chaux vive ; on retire tous les grains qui restent sur l'eau, lesquels sont mauvais ; on met ensuite la semence dans un panier, pour l'égoutter, et on la répand sur le plancher ; puis on prend la poudre fertilisante, et à mesure qu'on la jette sur les grains mouillés, une personne brasse les grains avec une pelle de bois, jusqu'à ce qu'ils soient tout blancs et assez coulant pour être semés ; ensuite, il faut semer le plus tôt possible, car les grains préparés de cette manière sont bientôt germés.

D. Comment faut-il préparer la poudre fertilisante, pour blanchir et sécher les grains de semence ?

R. Il faut mélanger ensemble de la chaux et du plâtre cuit en poudre, autant de chaque sorte, on en fait un mortier avec de l'urine humaine, qu'il faut mettre de côté à l'avance ; on fait du mortier comme les maçons ; on sépare ce mortier par petites mottes, pour qu'il sèche et durcisse promptement ; lorsqu'il est bien sec, on le réduit en poudre très-fine. Voilà la poudre fertilisante pour la préparation des semences. Il faut ramasser cette poudre dans un endroit sec, car on en a souvent besoin.

D. Quels avantages y a-t-il à préparer la semence de cette manière ?

R. Les avantages sont considérables, et c'est

le cas de dire : il faut le voir pour le croire. D'abord toute la semence lève huit ou dix jours plus promptement et avec une vigueur sans pareille. Les insectes et les oiseaux n'y touchent pas, et la beauté et la force du tallage, ainsi que la belle couleur vert foncé des jeunes blés se fait remarquer jusqu'à la maturité des grains ; jamais on ne verra un seul épis malade : pas de noir, ni de carie ou d'argos, jamais !

Il faut absolument préparer de cette manière le froment, l'orge, le seigle, l'avoine et le maïs ou froment de Turquie.

C'est un moyen de s'enrichir qu'il ne faut pas négliger.

D. Quels sont les meilleures espèces de froments ?

R. On doit choisir de préférence le plus beau de celui qui est acclimaté dans le pays ; mais il est à remarquer que celui qui vient le plus beau dans nos contrées est l'espèce dite *Victoria*. La paille en est forte, les épis sont grands, et son grain beau, très-recherché, donne une belle farine. Cette bonne espèce est plus rustique contre les mauvaises saisons, moins sujette à verser que la plupart des autres gros froments d'hiver. On fera donc bien d'en mêler avec son espèce ordinaire pour en faire un essaie sur le bout d'un champ. Les Cultivateurs intelligents doivent faire souvent des essaies en petit, c'est un moyen de s'enrichir.

Il y a une espèce de froment de printemps qui se sème en février et mars, nommé le *Rouge d'Ecosse barbu*, il est rustique et donne de très-fortes récoltes ; on fera bien d'en faire l'épreuve.

D. Quels moyens doit employer le Cultivateur pour avoir tous les ans de très-belles récoltes de blés avec peu de frais ?

R. Pour être bien assuré d'avoir tous les ans de belles récoltes de blés, qui ne coûtent pas cher, il faut préparer ses terres à blés l'année précédente par des cultures fourragères ou des racines sarclées, mais il faut que ces cultures soient faites sur des labours très-profonds, accompagnés de très-fortes fumures ; de plus, le fumier étant bien préparé et soigné, c'est-à-dire arrosé abondamment avec un riche purin où il y a eu des fumiers de latrines, de la chaux, du plâtre et du sel, on peut alors compter sur d'énormes récoltes fourragères et de racines ; c'est après les cultures fourragères sarclées que l'on peut être bien assuré d'avoir l'année suivante de très-fortes récoltes de beaux blés, sur un seul labour et sans avoir besoin d'y mettre le moindre engrais assurément. Ce blé ne coûtera pas cher aux Cultivateurs : 10 ou 12 fr. tout au plus l'hectolitre. Les blés faits de cette manière sont toujours très-propres ; alors, au printemps on passe la herse ou le rateau sur le jeune blé, et avant d'y passer le rouleau on y sème du trèfle seul, 25 kilog. à l'hectare, pas moins ; ou on sème une prairie artificielle composée de mélange de trèfle, luzerne et ray-grass d'Italie ; ensuite on passe le rouleau, et la jeune prairie prospère très-bien à l'abri des blés. Il faut faire absolument la même chose dans les blés de printemps. Dans ces conditions les prairies artificielles réussissent admirablement bien ; c'est ainsi que, après le froment récolté on possède de très-belles prairies artificielles, mais il faut que les champs aient été bien déboutés, bien terrés, bien assainis, c'est-à-dire qu'ils soient bombés à force d'y avoir transporté les terres des chaintres. Deux ou trois ans après on pourra défricher ces prairies artificielles, qui donneront encore une très-belle récolte d'avoine ou de pommes de terre avec très peu de frais. Puis, on pourra, après l'avoine, recommencer sur ces mêmes champs les cultures fourragères ou racines sur des labours très-profonds, et de très-abondantes fumures, de même que l'on en avait fait cinq ou six années avant.

C'est ce qu'on appelle l'assolement alterne, système de culture qui doit tôt ou tard enrichir les Cultivateurs et le pays, c'est-à-dire, après un blé qui épuise et salit la terre, vient de suite après une culture fourragère ou sarclée qui repose, nourrit, nettoie la terre et la prépare à recevoir un autre blé. C'est ainsi que l'on peut entretenir et même augmenter de plus en plus la richesse et la fertilité des terres, tout en s'assurant une succession de très-abondantes récoltes chaque année.

C'est un moyen assuré de s'enrichir qu'il ne faut pas négliger.

D. Combien peut-on obtenir d'hectolitres de

froment à l'hectare par un bon assolement alterne, et à combien reviendra l'hectolitre ?

R. On peut compter sur une moyenne de trente hectolitres par chaque hectare de très-beaux froment, dont le prix de revient ne dé-passera pas 12 fr.

D. Comment se fait-il que dans nos pays, chaque hectare de terre ne rende pas plus de blés aujourd'hui qu'il en rendait il y a trente ans, et que le prix de revient n'est pas diminué ?

R. C'est que les fumiers de ferme, les purins, les urines et les engrais humains ne sont pas mieux traiter aujourd'hui par les Cultivateurs, qu'il y a trente ans ; c'est que dans toutes nos fermes il y a disette de bon fumier, et cependant dans toutes les fermes on pourrait très-facilement les doubler en quantité et en richesse avec le même bétail. Mais on n'en fait rien encore : la négligence des fumiers ! voilà le plus grand obstacle aux labours profonds, aux abondantes fumures et aux bons assolements. Voilà pourquoi nos terres ne donnent que des demi-récoltes et ne produisent que la moitié du bétail qu'elles pourraient nourrir.

D. La culture des blés en sillons est-elle préférable à la culture en planches ?

R. La culture des blés sur planches est préférable aux sillons. D'abord, les planches assainissent mieux le terrain que les sillons ; les sillons retiennent plus l'eau que les planches ; les blés sont plus faciles à semer et à couvrir à la herse, plus faciles à herser et à rouler au printemps ; la terre est labourée plus également à la même profondeur ; on détruit plus facilement les mauvaises herbes ; les prairies artificielles sont plus faciles à ensemencer également.

La culture en planches est donc encore un moyen de s'enrichir.

D. La culture des blés en lignes est-elle avantageuse ?

R. La culture des blés en lignes bien espacées (50 centimèt.), faite avec un bon semoir, sur des terres en planches, finement préparées, offre de grands avantages. Les grains sont enterrés à la même profondeur, l'air circule entre les rangs et donne de la force à la paille. C'est surtout dans les années pluvieuses que l'on s'aperçoit de la bonté de ce système. Les blés sont plus faciles à nettoyer , moins sujets à verser et produisent beaucoup plus. On fera bien de faire un essaie sur le bout du champ.

L'auteur offre de prêter un petit semoir à main , qu'il a perfectionné, du prix de 10 fr. Il est très-commode pour semer en lignes, derrière le laboureur : il double les récoltes et il épargne le tiers de la semence.

L'épreuve n'en coûte rien. — S'adresser à l'auteur,   PICHERIE-DUNAN.

CULTURE DE LA LUZERNE ET DU RAY-GRASS D'ITALIE.

D. Comment faut-il cultiver la luzerne ? Est-ce un bon fourrage ?

R. C'est le meilleur de tous les fourrages , en vert ou en sec. Il faut, pour réussir, choisir un champ bien exposé au Midi ou au Levant; transporter sur le milieu les terres qui sont autour, les chauler fortement et les labourer très-énergiquement ; fortement fumer avec le bon fumier nouveau, mélangé de terre saturée de chaux, plâtre, suie et sel.

On sème au printemps, en long et en large, exactement comme la prairie anglaise. Il faut 25 kil. de graines par hectare, pour semer à la volée ; mais il vaut mieux semer en lignes , à 50 centimètres de distance, et sarcler entre les lignes, cela est préférable : une prairie semée de cette manière, dure de 15 à 20 ans.

Sur toutes les terres profondes , saines et bien exposées, on peut être assuré d'avoir de belle luzerne, avec le nouveau fumier.

C'est un moyen assuré de s'enrichir qu'il ne faut pas négliger.

On fera bien aussi de semer des prairies de ray-grass , dans les mêmes conditions que la luzerne ; il faut toujours choisir des terres fraîches, rendues riches et fertiles par le terrage ; des labours profonds et de fortes fumures. Le ray-grass résiste aux grandes chaleurs comme aux grands froids, et donne des profits considérables.

LA PRAIRIE ANGLAISE PAR EXCELLENCE.

D. Comment fait-on la prairie anglaise, qui enrichit si bien les Cultivateurs ?

R. On choisit un champ en terre forte et humide, mais bien assaini , bien amélioré par la terre prise autour et reportée sur le milieu.

Après une culture fourragère ou de racines,

on fume abondamment et on laboure profondément ; on passe la herse en long et en travers, ensuite, on sème, pour un demi-hectare :

Ray-grass d'Italie. .	3^k,000	grammes.
Luzerne.	1^k,000	—
Trèfle ordinaire. . .	0^k,500	—
Trèfle blanc. . . .	0^k,500	—
Lupuline.	1^k,000	—
Chicorée sauvage. .	0^k,500	—

On mélange le tout, et on sème en février
ou mars, moitié en long et moitié en travers,
puis on sème par-dessus quatre grands sacs
de graine de foin naturel, la meilleure possible,
que l'on couvre avec une herse légère.

Ceux qui auront le bon esprit de suivre ce
conseil, auront l'avantage d'avoir une excellente
prairie pendant 8 à 10 ans, du foin en abondance et un très-gras pâturage. C'est un trésor.

CULTURE FOURRAGÈRE, COUPAGES, RACINES.

D. Quelles sont les cultures fourragères les
plus primes et les plus avantageuses aux cultivateurs et les meilleures racines à cultiver ?

R. Aussitôt les blés enlevés des champs, on
doit semer du trèfle incarnat, mêlé de navets,
sur les terres fertiles et légères. On aura des

navets pour l'hiver et un bon fourrage au printemps.

Au 15 août, il faut semer beaucoup de seigle pour coupage fortement fumé ; c'est le plus prime de tous les fourrage : il produit beaucoup, il ne faut donc pas le négliger. Un mélange d'avoine, d'orge et de vesces, fait aussi un bon fourrage pour le printemps. Il ne faut pas manquer de semer, dans ses blés, au printemps, des trèfles, luzerne et ray-grass (bon fourrage et pâturage), ou trèfle seul si on veut de la graine.

Le 15 février ou mars, il faut semer, sur une terre fortement fumée, un mélange de seigle de printemps . . . . 20 litres.

     Pois hâtifs. . . . . . . 15 litres.

     Moutarde blanche . . 12 litres.

Ce fourrage pousse très-vite et donne une bonne nourriture pour tous les bestiaux ; il ne craint pas les gelées.

Le 15 mars ou avril, lorsque les gelées ne sont plus à craindre, il faut semer un mélange de blé-noir. . . . . 20 litres.

     Maïs, quarantin. . . 10 litres.

     Pois hâtifs. . . . . . 10 litres.

On peut semer ce bon fourrage tous les quinze jours, jusqu'à la fin de juillet.

Le 15 avril et mai, il faut semer beaucoup de maïs (blé de Turquie), pour fourrage. C'est la plus excellente nourriture que l'on puisse imaginer. Il double le lait des vaches, et entretient les bœufs gras en travaillant. Il faut en semer tous les quinze jours, depuis le 15 avril jusqu'au 15 juillet. On pourra en nourrir son bétail, depuis août jusqu'en novembre. C'est le bon moyen de s'enrichir.

Mais il faut fumer avec abondance tous ces fourrages avec le bon fumier bien préparé. Point de richesse sans cela.

D. Quelles sont les cultures de racines les plus avantageuses ?

R. Il faut toujours faire plusieurs espèces de racines et fourrages : beaucoup de choux, beaucoup de betteraves, beaucoup de rutabagas, beaucoup de carottes, beaucoup de pommes de terre, beaucoup de topinambours, beaucoup de citrouilles, beaucoup de pois. En mai, il faut planter beaucoup de maïs, pour la graine (en ligne), et aussi des soleils en mai. Toutes ces graines sont utiles pour nourrir et engraisser les volailles, et cela ménage les grains.

LES CITROUILLES.

Il faut labourer cinq à six traits de charrues tout autour des champs, et des mauvais prés ; on formera des gros terriers qu'il faudra couper, trancher et arroser avec du purin qu'on apportera dans une barrique. Il faut semer des citrouilles, en quantité , sur tous ces terriers ; on en récoltera des centaines. C'est une très-bonne nourriture pour les vaches et les porcs.

Surtout, n'épargnons pas la profondeur des labours et le fumier pour les racines, car les produits sont proportionnés au fumier, et puis, les cultures suivantes en profitent. C'est le vrai moyen de s'enrichir.

D. Le Cultivateur aura-t-il assez de fumier pour faire toutes ces cultures fourragères et de racines ?

R. Oui, il en aura assez et même de reste, s'il veut suivre exactement les conseils du *Livre aux 100 Louis d'Or*. D'ailleurs , toutes ces cultures produisent plus de fumier qu'elles n'en consomment , et le bétail grassement nourri à l'étable, donne double fumier, double lait, double graisse, car on va pouvoir doubler la ration de nourriture de toutes ses bêtes. C'est le vrai moyen de doubler son bétail et de s'enrichir rapidement en cultivant la terre.

BONNE CULTURE DE LA POMME DE TERRE ET DU RUTABAGA. — REMÈDE CONTRE LA POURRITURE DES POMMES DE TERRE.

D. Comment faut-il cultiver la pomme de terre pour éviter la pourriture et en tirer de grands profits ?

R. Pour être bien sûr d'éviter la pourriture, il faut cultiver des pommes de terre prime et les mettre en terre les premiers beaux jours de février ; plus tard, on peut planter l'espèce nommée chardon. Il faut répandre une poudre sur la semence avant de l'enterrer. Cette poudre est composée de chaux, de cendres et de sel (beaucoup de sel). On doit mettre les pommes de terre éloignées d'un mètre entre les rangées, afin de passer la houe à cheval plusieurs fois , ce qui augmente beaucoup la récolte (tous les Cultivateurs doivent avoir une houe à cheval).

On peut être assuré d'avoir, au mois de juin,

une abondante récolte de pommes de terre, belles et bien saines, sans une seule tache ni piqûre; mais il faut débouter les champs.

On peut planter de suite après les pommes de terre, des rutabagas, qui seront bons à récolter pour le temps de la semence du froment; et, si on a fortement fumer ses pommes de terre et ses rutabagas, on n'aura pas besoin de fumer son froment et la récolte sera belle, on peut y compter. C'est le bon moyen de s'enrichir. PICHERIE-DUNAN.

Je recommande les pommes de terre primes jaunes de Hollande; les chardons, les petites rouges et les longues primes.

CHAPITRE VI.

Culture de la vigne. Amélioration des vins et des cidres.— Le bon beurre. — Les abeilles. — Le jardin de la ferme. — Les bons mariages. La paix et le bonheur du ménage. — Recettes diverses. — Visite à l'Exposition.

BONNE CULTURE DE LA VIGNE. — AMÉLIORATION DES VINS ET DES CIDRES.

D. Comment peut-on améliorer la culture de la vigne ?

R. On peut augmenter de beaucoup la quantité et la qualité du raisin en répandant au pied des vignes, tous les trois ans, le bon fumier préparé et mêlé de trois fois autant de terre, que l'on prendra autour des vignes. Les terres sableuses et de gravier, sont excellentes. Les grattures de routes sont très-bonnes aussi. Il faut ajouter à ces terreaux de la chaux et beaucoup de sel. Il faut établir de grands hangars économiques près des vignes pour préparer, à l'avance, d'énormes quantités de ces terriers ; il faut aussi avoir bien soin de retirer toute la mousse qui garnit le pied des vignes. Les insectes s'y cachent et causent de grandes pertes.

C'est un moyen de s'enrichir, en cultivant la vigne, qu'il ne faut pas négliger.

D. Quelle attention faut-il prendre pour la taille et le labourage de la vigne ?

R. Les vignes étant bien graissées avec le bon fumier, terreaux chaulés et salés, peuvent très-bien supporter une plus longue taille, sans pour cela être épuisées. Le gros - plant comme le muscadet nourrit très-bien les nombreux raisins qui ne manquent pas de garnir la pièce en couronne que l'on laisse à chaque cep ou pied de vigne. Les produits sont considérablement augmentés , surtout si on a soin de supprimer les branches gourmandes et inutiles qui épuisent la sève au dépens des branches chargées de fruit. Il faut aussi ne pas entreprendre trop de vignes à tailler et à bêcher , et passer un peu plus de temps à chaque pied , afin de mieux faire l'ouvrage, et surtout le faire en temps et saison convenables. C'est encore un moyen d'enriéhir les vignerons.

D. Quels soins faut-il prendre au temps de la vendange, et comment peut-on donner plus de force , plus de qualité et plus de valeur au vin ?

R. Lorsque le temps des vendanges est arrivé, on visite avec soin ses barriques ; celles qui ont mauvaise odeur, on les rince avec de l'eau où on a mis de la chaux vive à fondre ; si l'odeur reste encore, on verse alors un peu d'eau forte dans de l'eau chaude et on rince la mauvaise barrique : toute mauvaise odeur disparaît ; mais il ne faut pas manquer de rincer à l'eau chaude après l'opération. Ensuite, on a une forte lessive faite avec des cendres de pieds de vigne ou de sarments ; on y met un peu de sel, et avant d'entonner le vin nouveau, on rince toutes les barriques, neuves comme vieilles, avec cette lessive, qui contient des sels qui agissent sur le vin d'une manière surprenante et très-heureuse. Il faut en faire l'épreuve sur une barrique.

Il ne faut pas remplir tout à fait la barrique ; il faut bonder de suite avec une bonde percée et placer ensuite le nouvel appareil de fer-blanc, dont le tuyau traversera la bonde, en ayant soin de tenir le gobelet toujours plein d'eau ; lorsque la vapeur ne fera plus bouillir l'eau, alors on remplira la barrique en la bondant hermétiquement.

Les nouveaux appareils hydrauliques que j'ai perfectionnés se vendent 75 cent. pièce ; si l'on suit exactement mes instructions, on peut être assuré de vendre 5 fr. de plus la barrique, et il sera bientôt tout enlevé, tellement il sera bon.

Pour la fabrication du cidre, c'est la même manière de s'en servir, et il produit le même effet ; on vendra toujours 5 fr. de plus que les autres.

Seulement, il faut rincer les fûts pour le

cidre avec une forte lessive faite avec des cendres de pommiers, en ajoutant une forte poignée de gros sel.

Pour avoir mes appareils hydrauliques nouveaux, écrire à Mme Coignard, marchande de graines, place du Bouffay, à Nantes, ou à l'auteur, M. Picherie-Dunan.

Il ne faut pas vendanger le gros-plant en même temps que le muscadet, ce mélange fait de mauvais vin ; on vendangera donc le gros-plant plus tard. Il faut toujours laisser bien mûrir le raisin dans la vigne pour avoir de bon vin, et plus tard on est à même de faire les mélanges, alors le vin est meilleur.

AMÉLIORATION DES VINS EN BOUTEILLES ET EN FUTS. — GRANDE CONSERVATION.

D. Comment peut-on améliorer les vins de manière à les conserver sans variations ?

Si le vin est en bouteilles, il faut en retirer un demi-verre par bouteille, les boucher et les mettre dans un grand chaudron plein d'eau, de manière que l'eau dépasse d'une main par dessus les bouchons, ensuite faire du feu sous le chaudron. Lorsque l'eau est prête à bouillir on éteint le feu et une heure après on retire les bouteilles, on les finit de remplir, puis on les bouche avec soin et bien hermétiquement. Par ce moyen on obtient du vin qui est très-supérieur, méconnaissable, d'une conservation parfaite et sans altération.

Il y a seize ans, j'ai publier ce même moyen, dans mon *Trésor de la Chaumière*, répandu à six mille exemplaires. Les expériences faites jusqu'à ce jour ont très-bien réussi; le vin semble vieilli de dix ans; on a même gagné des sommes considérables en organisant de grandes chaudières avec un palant au-dessus, qui fait descendre doucement la barrique dans l'eau et la retire de même. Lorsque l'opération est faite, si l'on veut recommencer, il faut attendre que l'eau soit refroidie, car il faut que le vin chauffe en même temps que l'eau. Il ne faut agir que sur des vins spiritueux. Les fûts doivent être solidement construits.

LE BON BEURRE.

D. Comment faut-il s'y prendre pour avoir beaucoup de bon beurre, d'une belle couleur, très-ferme pendant l'été et pouvant se conserver longtemps ?

R. D'abord il faut choisir les vaches qui ont les marques beurrières ; ensuite, leur donner une bonne nourriture, en abondance et toujours un peu salée ; les faire boire beaucoup, les tenir bien propres, les brosser, les bouchonner tous les matins ; laver l'ameille avec une éponge trempée dans l'eau tiède, avant de les tirer, le lait vient mieux et il est plus propre. Il faut surtout les tirer bien net, car le dernier lait donne beaucoup plus de crème ; ribotter le plus souvent possible.

Il faut extraire le petit-lait du beurre avec soin, et envelopper le beurre dans un double linge fin mouillé.

Dans les grandes chaleurs, on le placera sur une pierre, dans un endroit frais de la maison, pour le tenir très-ferme.

Si le beurre est blanc, il faut mettre du jus de carottes dans la crème, ce qui aide à sa conservation, lui donne une belle couleur et un un bon goût.

Si on veut du beurre très-fin, délicieux, il faut le pétrir une autre fois dans du bon lait frais tiré.

LES ABEILLES.

D. Comment peut-on récolter le miel et la cire sans faire mourir les abeilles ?

R. Voilà comment il faut s'y prendre : Vers la fin d'août, quand la nuit est arrivée, on prend la ruche pleine et on la pose la tête en bas, dans un creux qu'on a fait en terre, pour qu'elle tienne solidement ; aussitôt on pose l'ouverture d'une ruche vide sur l'ouverture de la ruche pleine, et on entoure la jointure des deux ruches avec un linge, de manière que pas une mouche ne puisse sortir. On laisse ainsi les deux ruches l'une sur l'autre pendant deux jours, et quand la nuit est arrivée, on lève doucement la ruche de dessus et on la pose à la place où était l'ancienne. On peut être assuré que toutes les abeilles ont quitté l'ancienne et se sont réfugiées dans la nouvelle que l'on avait eu bien soin de beurrer de miel en dedans, pour attirer les mouches. On emporte de suite la ruche pleine de miel et de cire, afin que les abeilles ne la sentent pas.

On ne fera donc plus mourir les mouches pour avoir le miel.

D. Comment peut-on faire travailler les abeilles pendant l'hiver ?

R. On forme une espèce d'abri aux ruches avec des paillassons solidement retenus, ce qui les garantit beaucoup des grands froids, des vents et des neiges. Dans le temps des fruits, on ramasse avec soin toutes les pommes, poires, raisins, figues, prunes gatées, et on en fait un espèce de résiné en le faisant cuire longtemps avec de la lie de vin ou de cidre. On peut mettre aussi des carottes, betteraves, citrouilles, à cuire ensemble. Tout cela étant cuit, doit être ramassé dans de grands pots. L'hiver, on en met dans une assiette, que l'on pose près de chaque ruche, à l'entrée, et on a le plaisir de voir les abeilles venir manger cette nourriture qu'elles aiment beaucoup ; puis, au lieu de manger leur provision de miel, elles l'augmentent au contraire.

Il faut, pour la nourriture d'hiver de chaque ruche, environ 5 kil. de cette espèce de résiné économique.

C'est un moyen qu'il ne faut pas négliger, car le miel et la cire se vendent très-bien et ne coûtent pas cher au Cultivateur soigneux.

D. Est-il utile de mettre en écrit ce que l'on vend aux marché ?

R. Oui cela est très-utile ; il faut que la fermière se rappelle ou fasse marquer tout ce qu'elle a vendu et tout ce qu'elle a acheté. Le maître doit en faire autant quand il va à la foire ou à la halle, et lorsqu'il sera rentré à la maison il fera marquer tout cela au net ; d'un côté tout ce qu'il a acheté dans l'année, et de l'autre tout ce qu'il a vendu ; alors il n'y a qu'à voir ce qui lui reste de bétail et de grains, estimer à peu près et il verra de suite ce qu'il a gagné dans l'année, à peu de chose près. Les bons pères et les bonnes mères de famille feront très-bien de donner cette bonne habitude à leurs enfants.

D. Quels sont les outils les plus nécessaires au Cultivateur pour pouvoir s'enrichir promptement ?

R. Il faut deux charrues, une grande et une petite, une bonne herse moyenne, une houe à cheval pour détruire l'herbe entre les choux, les pommes de terres et les racines ; un rouleau, un coupe-paille, des brouettes, des civières, des pelles creuses en fer et tous les autres outils ordinaires, ainsi que les charrettes d'usage.

Mais si l'on n'a pas la houe à cheval, le coupe-paille et le coupe-racines, on ne peut s'enrichir rapidement.

Aussitôt qu'on aura gagné quelques centaines de francs, on achètera une pompe en bois comme il y en a dans les navires ; elle coûte 30 fr. ; elle est très-utile pour remplir le réservoir à purin et arroser les fumiers.

D. Est-il utile de mettre les outils en place dans les fermes ?

R. Oui, cela est nécessaire, et le Cultivateur raisonnable exigera que tous les jours chaque chose soit rentrée à l'abri, rangée et mise en place et toujours au même lieu, afin de ne pas perdre son temps à chercher les outils quand on en a besoin ; et puis le soleil et la pluie les font pourrir, alors ils s'usent moitié plus vite.

C'est encore un moyen de s'enrichir qu'il ne faut pas négliger.

LE JARDIN DE LA FERME.

D. Est-il bien utile d'avoir un jardin dans la ferme ?

R. Le bon Cultivateur doit avoir un grand jardin, bien graissé, bien soigné, bien garni de bons légumes, de fines herbes, de bons arbres fruitiers et même de belles fleurs rustiques pour toutes les saisons. C'est la femme et les filles qui doivent soigner le jardin.

C'est un moyen d'angmenter la nourriture et le bonheur à la maison, et d'avoir toujours quelques produits à vendre au marché.

D. Comment les bons Cultivateurs doivent-ils se préparer pour le marché?

R. Il faut tout apprêter dans la charrette, la veille au soir, en y mettant de beaux légumes, des plants de choux, des fruits bien conservés, du beurre frais, des œufs, des fromages aux pommes de terre, des volailles grasses, du lard bien conservé, de beau miel, de la belle cire, des confitures de carrottes, de bon résiné, des fines herbes, et même de jolis bouquets; tout cela doit être bien préparé, bien emballé et tout chargé dans la charrette le soir, afin que le lendemain matin il n'y ait plus qu'à atteler le cheval. La bonne ménagère, bien enveloppée dans un capuchon abritant la tête et les épaules, partira assez matin pour être rendue au marché une des premières, à la pointe du jour. Sûrement elle aura bientôt vendu tous ses beaux produits. Elle rapportera à la maison des volailles maigres pour engraisser ; elle rapportera aussi les provisions nécessaires et aussi une grosse somme d'argent qui fera bien plaisir : c'est la récompense du bon travail.

D. Quels soins faut-il prendre lorsqu'on plante des arbres fruitiers? Faut-il en planter beaucoup dans les fermes?

R. Oui, il faut planter beaucoup de pommiers, de poiriers, de pruniers, de cerisiers, de pêchers, de châtaigners, de noyers, etc.; dans les fermes c'est agréable et d'un grand revenu. Mais pour qu'ils viennent bien et donnent promptement des fruits, il faut creuser de grands fossés sur toute la longueur du champ ou du jardin avant l'hiver; deux mois après, on mettra la terre du dessus par dessous, puis beaucoup de pierrailles mélangées de pelées de gazon, de chaux et de sel dans le fond, et l'on enfoncera très-peu les racines; par ce moyen, les arbres profiteront avec une vigueur étonnante et bientôt seront chargés de fruits, mais à condition que l'on entretiendra la terre du pied toujours en bon labour, et que l'on arrosera les racines avec le purin du grand réservoir.

LE LIVRE PRÉPARE LES BONS MARIAGES.

D. Comment le *Livre aux 100 Louis d'or* peut-il préparer les bons mariages ?

R. Le *Livre aux 100 Louis d'or* prépare les bons mariages en procurant la science agricole, le bon savoir. En effet, le jeune cultivateur qui aura le bon esprit de suivre exactement les instructions du livre, sera bientôt connu dans le pays pour un des plus intelligents Cultivateurs, un modèle de soin, d'ordre, ayant toujours à sa disposition une quantité étonnante de bon fumier et terreau, ayant aussi les plus riches récoltes et le plus beau bétail.

Ce jeune homme, s'il veut s'établir, pourra choisir son épouse parmi les meilleures familles du pays, et certainement il ne sera pas refusé ; car le bon père et la bonne mère se feront un grand plaisir d'accorder leur fille en mariage à un jeune homme reconnu pour le modèle des bons Cultivateurs du pays ; et la jeune fille, de son côté, consentira d'un grand cœur à prendre pour époux un jeune homme si intelligent, qui ne peut manquer d'assurer la richesse et le bonheur de sa femme et de ses enfants.

De même, la jeune fille qui suivra très-exactement les conseils du *Livre aux 100 Louis d'or* sera bientôt connue et considérée comme une excellente ménagère, c'est-à-dire qu'elle sera un véritable trésor dans une maison; cette jeune fille sera aimée, recherchée et demandée en mariage par les jeunes gens des meilleures familles, quand bien même elle ne serait ni belle, ni riche, car elle aura prouvé qu'elle possède la plus précieuse dot, la plus grande richesse : la bonté, l'esprit, l'intelligence, l'amour de l'ordre, de la propreté et du bon travail.

Ce mariage si bien assorti, sera le résultat des bons conseils du *Livre aux 100 Louis d'or*, et aidera beaucoup à la richesse et au bonheur du ménage.

LA PAIX ET LE BONHEUR DU MÉNAGE.

D. Comment le *Livre aux 100 Louis d'or* peut-il assurer la paix et le bonheur du ménage ?

R. Cela est facile à comprendre : Lorsque les fumiers et les engrais sont en désordre et en perdition dans une ferme; lorsque les bourbiers entourent l'entrée de l'étable, et même la porte de la maison ; quand les bestiaux sont salement couchés; lorsqu'ils ont les cuisses garnies de bouse et jamais nettoyées; quand les pauvres bêtes n'ont que de maigres pâturages, et pour toute nourriture, un peu de choux et de paille, et qu'elles ne mangent que la moitié de leur content, alors tout va mal dans une pareille ferme, et il est bien rare d'y voir de bonnes récoltes. Cela n'est pas étonnant, puisque tous les travaux s'y font avec une grande négligence, puisque l'on ne voit partout que malpropreté et désordre. Aussi, remarquez-bien comme tout le monde, dans cette maison, est triste, indifférent, mécontent, toujours de mauvaise humeur ; on se grogne les uns les autres, on se dit de mauvaises raisons, la nourriture est mauvaise comme tout le reste, et souvent le maître va oublier ses contrariétés loin de chez lui, au cabaret. Les enfants et les domestiques en font autant ; tout le monde dans la maison travaille sans goût, sans raisonnement , sans espoir de s'enrichir. Aussi a-t-on toutes les peines possibles pour se nourrir, se vêtir, payer ses domestiques , ses engrais et son fermage ; et on ne peut rien mettre de côté.

Mais vous allez voir comme cela va changer, car voici le maître de cette ferme en désordre qui revient de la grand'messe. En sortant de la messe, il a écouté la *conférence agricole* et la lecture du *Livre aux 100 Louis d'or ;* il apporte ce livre précieux à la maison. En entrant, il dit à sa famille réunie : « Bon courage , mes enfants , réjouissons-nous, car nos mauvais jours sont passés ; oui, mes amis, c'est moi qui viens vous annoncer la bonne nouvelle : notre fortune et notre bonheur vont commencer demain matin. » Et il fait voir le livre , il veut que son fils le lise à haute voix. En écoutant cette lecture, toute la famille a compris l'utilité et la bonté de ses instructions ; alors, le courage et l'espérance entrent dans tous les cœurs ; c'est que le maître a de l'esprit: il ne doute pas de sa réussite , et il est fermement résolu à s'enrichir et à faire le bonheur de sa famille.

Dès le lundi matin, il veut que tout le monde de la ferme se mette avec lui à l'arrangement de la cour et des fumiers ; il veut que l'on nettoie de suite les étables, les vaches, et, ensuite, il fait des latrines, et un hangar pour mettre des terres à l'abri. Enfin, il suit très-exactement les instructions du *Livre aux 100 Louis d'or* et il y tient très-sévèrement ; et alors voilà qu'un mois après on est agréablement étonné de voir, dans cette même ferme, l'ordre et la propreté régner partout. On voit un tas de fumier qui étonne tout le monde par sa grosseur et sa bonne mine ; on aperçoit aussi la satisfaction et le bonheur sur tous les visages. On voit tous les gens de la ferme travailler avec gaîté, intelligence et ardeur ; on traite le bétail avec douceur. Plus de disputes, plus de mauvaises paroles, plus de cabarets, plus d'absences inutiles dans la ferme : c'est que tout va bien à la maison et que le fermier prend son plaisir au milieu de sa famille heureuse.

Le maître, la maîtresse, les enfants, les domestiques, tout le monde sait que la richesse va venir, personne ne peut plus en douter, puisque déjà , depuis un mois seulement , on a fait moitié plus de fumier , et que les vaches donnent moitié plus de lait et de beurre, depuis qu'elles ont été nettoyées, bouchonnées tous les matins , et depuis qu'elles reçoivent la nourriture coupée, hachée menu , mélangée et arrosée avec un peu d'eau salée.

Il est donc bien vrai de dire que le *Livre aux 100 Louis d'or* assure la paix et le bonheur du ménage.　　　　　　　　PICHERIE-DUNAN.

RECETTES DIVERSES.

Guérison des piqûres et morsures.

Mettez sur la piqûre ou morsure venimeuse, de l'amoniaque liquide et une compresse de sel. La guérison sera prompte.

Moyen de faire de beau pain, d'une grande conservation , et de gagner 1 kilog. par pain de 6 kilog.

Faites bouillir un instant du gros son dans l'eau. Après avoir passé le son , vous vous servirez de cette eau épaisse et gluante pour pétrir votre pâte. Par ce moyen bien simple, vous aurez du pain plus blanc, plus nourrissant, qui se conserve très-longtemps frais sans moisir et donne beaucoup plus de profit.

Conservation des grains dans les greniers. — Moyen de les préserver des poux ou charançons.

Mettez le bout des branches et les fleurs de sureau mélangées avec les grains, les insectes, les poux et charançons n'approcheront pas.

Le bout des branches du chanvre porte-graines produit le même effet.

Moyen d'empêcher les rats et les souris d'approcher des grains.

Recherchez de la menthe sauvage, dite menthe poivrée ; c'est une plante à odeur très-forte qui se trouve dans les endroits très-humides ; faites la sécher à l'ombre et mettez-en tout autour de vos grains, pas un rat ni souris n'y approchera.

Destruction des chenilles, loches, limas, etc. — Moyen d'en préserver les légumes et les salades.

Mélangez ensemble 1 kilog. de sel, 1 kilog. de suie, 1 kilog. de cendre, 1 kilog. de fleur de soufre, 1 kilog. de savon noir et 2 kilog. de plâtre cuit en poudre ; faites de tout cela un mortier en le pétrissant avec de l'eau ; laissez-le bien sécher, réduisez-le en poudre. C'est cette poudre qui chasse et détruit très-bien les chenilles, loches et limas ; il faut la répandre par un temps humide pour qu'elle s'attache aux feuilles des légumes et salades.

Grande conservation du lard. — Moyen de lui donner un goût délicieux.

Lorsque le lard a passé vingt jours seulement dans le sel, on l'accroche dans le maison pour le faire sécher ; quinze jours après, on le met dans un baril défoncé d'un bout ; chaque morceau de lard doit être enveloppé dans du bon foin bien sec, de bonne odeur, et fortement foulé ; il ne faut pas que les morceaux se touchent ; puis, bien couvrir le baril. Par ce moyen, le lard prendra un goût excellent et ne deviendra pas rance ; il se conservera des années.

Grande production des œufs pendant l'hiver. Bonne nourriture des poules.

Il faut écraser des glands de chêne, mélangés avec du blé-noir, de l'orge, de l'avoine, du maïs et beaucoup de graines de soleil tourne-sol, le tout écrasé ; y ajouter de la poudre de briques pilées bien menu. Ce mélange, qui est simple et facile à faire, nourrit, échauffe et excite les poules à pondre d'une manière étonnante, même pendant l'hiver.

Choix des œufs qui donnent des coqs ou des poulettes.

Regardez à la lueur de la chandelle ; si le vide se trouve au bout de l'œuf, c'est un coq, mais si le vide est sur le côté, c'est une poulette. Ce moyen réussit toujours.

Moyen d'empêcher les mouches de tourmenter les bestiaux pendant les chaleurs, de les chasser des étables et des maisons, et de les empêcher de s'arrêter sur la viande.

Il faut écraser ensemble des feuilles de citrouilles, des feuilles de noyers et des tiges d'oignons verts ; on frotte le poil du bétail avec ce mélange, les mouches n'en approcheront plus.

Il suffit de couper un oignon en tranches et d'en couvrir la viande pour empêcher les mouches d'y approcher.

Pour chasser les mouches des étables ou des appartements, il faut mettre un morceau de camphre dans une cuillère de fer, et faire fondre le camphre sur la flamme d'une chandelle ou d'une lampe, en veillant que le feu ne prenne pas dans le camphre ; cette vapeur du camphre fait sortir toutes les mouches de la maison.

L'huile de laurier les chasse aussi.

Facile destruction des taupes.

Il faut ouvrir des noix ordinaires, les faire bouillir pendant six heures, dans une forte lessive faite avec des cendres de bois. On met un morceau du bon de la noix dans chaque trou de taupe nouvellement fait. La taupe vient manger la noix et meurt de suite. C'est le plus terrible poison des taupes.

Moyen de nettoyer le linge le plus sale avec la pomme de terre.

Mettez votre linge sale à tremper dans l'eau, pendant vingt-quatre heures ; après l'avoir battu, il faut le tordre et le frotter avec une pomme de terre à moitié cuite. Vous le tremperez dans l'eau chaude, vous le batterez et ensuite vous le rincerez. Votre linge deviendra blanc comme la neige. C'est une grande économie de savon.

Moyen d'empêcher les pucerons de détruire les jeunes navets ou colzas.

Mettez votre graine à tremper dans de l'eau fortement salée, pendant trois heures ; faites séchez et semez vos graines , vous ne verrez plus de pucerons.

Moyen de reconnaître si le noir d'engrais est fraudé.

Faites rougir au feu une pelle avec du noir dessus ; si le noir est fraudé, il devient rougeâtre ; s'il est bon, il devient grisâtre.

Grande conservation des fruits.

Coupez, hachez bien menu de la paille de seigle, mêlez avec moitié de plâtre cuit en poudre, et mettez vos pommes, poires, raisins, châtaignes, etc., dans ce mélange, couche par couche, mais qu'elle ne se touche pas, et vous conserverez ainsi vos fruits d'une année à l'autre dans le meilleur état.

Moyen de rendre l'eau pour boire plus salubre. Purification de l'eau.

Ecrasez du charbon de bois et mettez ce charbon au fond du vase où vous aurez déposé l'eau pour boire. Bientôt cette eau sera purifiée et bien meilleure à la santé, parce que toutes les impuretés s'attache au charbon. C'est ainsi qu'on empêche le goître à la gorge.

Fromage aux pommes de terre.

Pétrissez bien des pommes de terre cuites avec du lait caillé ; ajoutez poivre, sel et laurier ; laissez la pâte fermenter pendant deux jours, puis vous formerez des petits fromages. Plus ils seront vieux plus ils seront délicieux.

Confitures de carottes.

Coupez de belles carottes à jus en rouelles minces; mettez-les pendant un quart-d'heure dans l'eau bouillante, retirez-les et mettez-les à sécher sur des claies d'osier. Ensuite, faites bouillir doucement du jus de raisin sortant du pressoir, écumez, mettez peu à peu vos carottes dans votre jus et laissez cuire longtemps à petit feu. Vous mettrez un peu de canelle et du bon miel. Par ce moyen, vous aurez des confitures excellentes. Le raisiné se fait de la même manière avec des pommes ou poires.

Curieuse chasse des grolles, corbeaux, pies, etc.

Faites des petits cornets de papier gris, et mettez de la glue à l'entrée en dedans, enfoncez ces cornets en terre, mettez de l'appât dedans. Les oiseaux en venant manger cet appât, resteront coiffés, alors il sera facile de les prendre.

Curieuse Chasse aux lapins.

Faites brûler du soufre dans un terrier à lapin, mettez une poche de l'autre bout du terrier, et les lapins, chassés par la fumée du soufre, se jetteront dans la poche.

Abondante pêche à la ligne et au carrelet.

Pétrissez du pain et du vieux fromage de gruyère, mêlez avec de la terre glaise, jetez cet appât dans l'endroit où vous voulez pêcher; deux heures après, si vous pêchez à la ligne, vous prendrez beaucoup de poissons. Il faut avoir soin de choisir des hameçons anglais de 1re qualité, bien les attacher à de fort crin de Florence. Cette pêche est agréable.

Si vous voulez pêcher au carrelet, il faut employer le même appât; puis, à mesure que vous prendrez les premiers poissons, vous les attacherez par les ouïes, dans votre carrelet, à une ficelle de la longueur du bras. Les autres poissons, croyant voir des camarades à se régaler, viendront hardiment se faire prendre. C'est vraiment curieux.

DIFFÉRENCE

ENTRE LA BONNE ET LA MAUVAISE CULTURE DES TERRES.

D. Quelle différence y a-t-il entre les productions d'une terre très-bien fumée et très-bien cultivée, et une terre très-mal fumée et très-mal cultivée ?

Entre les produits d'une vache très-bien soignée et très-bien nourrie, et une vache très-mal soignée et très-mal nourrie ?

Entre une métairie très-bien tenue et une métairie très-mal tenue ?

R. Un hectare de blé très-bien fumé et très-bien cultivé donne 40 hectolitres de beaux grains propres et lourds. Il rend vingt fois la semence ; il revient à 12 fr. l'hectolitre, et laisse la terre en état de donner une bonne prairie artificielle.

Un hectare de blé très-mal fumé et très-mal cultivé, donne 12 hectolitres de grain sale, léger. Il rend cinq fois la semence ; il revient à 20 fr. l'hectolitre, et laisse la terre en mauvais état.

Un hectare de betteraves, rutabagas, carottes ou pommes de terre, très-bien fumé et très-bien cultivé, donne 100 mille kilog. de beaux produits, et laisse la terre assez riche pour donner une belle récolte de blé sans fumier.

Un hectare de betteraves, rutabagas, carottes ou pommes de terre, très-mal fumé et très-mal cultivé, donne 10 mille kilog. de petits produits, et laisse la terre sale et trop pauvre pour donner une récolte de blé sans fumier.

Un hectare de ray-grass d'Italie, très-bien fumé et très-bien cultivé, donne 150 mille kilog. de fourrages verts, en huit coupes, et laisse le terrain gras et riche.

Un hectare de ray-grass d'Italie, très-mal fumé et très-mal cultivé, donne 25 mille kilog. de fourrages verts, en trois coupes, et laisse le terrain pauvre.

Un hectare de prairie, très-bien fumé et très-bien

soigné, donne 15 milliers de bon foin, et un gras pâturage.

Un hectare de prairie très-mal fumé et très-négligé, donne 6 milliers de pauvre foin et un maigre pâturage.

Un hectare de vigne très-bien faite, donne 40 barriques de bon vin.

Un hectare de vigne très-mal faite, donne 20 barriques de pauvre vin.

Une vache très-bien nourrie et très-bien soignée, donne 10 litres de lait environ par jour, et 30 mille kilog. de riche fumier chaque année, et se vend toujours très-bien.

Une vache très-mal nourrie et très-mal soignée, donne 3 litres de lait en moyenne par jour, et 10 mille kilog. de pauvre fumier, et se vend très-mal.

Une métairie de 20 hectares très-bien fumés, très-bien cultivés, et tenue exactement d'après les principes du *Livre aux 100 Louis d'or* (ce qui est facile), donnera 4 mille francs de revenus, nourrira 30 pièces de gros bétail, et le fermier fera fortune; il vivra heureux, lui, sa femme et sa famille, il préparera la fortune et le bonheur de ses enfants en leur donnant l'exemple du bon travail et d'une culture intelligente et raisonnée.

Une métairie de 20 hectares très-mal fumés, très-mal cultivés, où l'on néglige les principes du *Livre au 100 Louis d'or*, donnera à peine 2 mille francs de revenus, nourrira, à grand'peine, 15 pièces de gros bétail, et le fermier sera toujours gêné, vivra misérablement, lui, sa femme et sa famille, il préparera le malheur de ses enfants, en leur donnant le mauvais exemple de la négligence des

fumiers, de la perdition des engrais, de la malpropreté du bétail, de la saleté et du désordre de la
cour, de l'étable, de la grange et des outils, c'est-
à-dire en travaillant sans goût et sans intelligence.

Il est cependant bien facile d'apprendre à bien
faire, de s'enrichir et d'assurer le bonheur de sa
famille ; il suffit de posséder le *Livre aux 100 Louis
d'or* et de suivre ses conseils.

PICHERIE-DUNAN.

L'auteur offre d'aller aider les fermiers qui voudront
doubler leurs récoltes et leur bétail et assurer la richesse
et le bonheur de leur famille.

Une Ferme à louer.

NOUVELLES CONDITIONS DE BAIL. — AMÉLIORATION
DES MÉTAIRIES.

Ce que nous allons rapporter s'est passé
dans l'arrondissement de Montfort, département
d'Ille-et-Vilaine :

Un Cultivateur de bonne mine entre chez un
propriétaire qui a fait publié sa ferme. Voici la
conversation qui eut lieu entre le propriétaire et le
Cultivateur, après que ce dernier eut remis ses
papiers, qui constataient sa moralité et sa bonne
conduite :

Le Cultivateur. Combien voulez-vous m'affermer
votre métairie, monsieur ?

Le Propriétaire. Je veux l'affermer 60 fr. l'hectare ; elle contient 30 hectares, c'est donc 1800 fr.

Le Cultivateur. Votre ferme est trop chère, monsieur ; je l'ai visitée, les terres ne sont pas bonnes, et la preuve, c'est que votre fermier Daniel, qui en sort, n'y a pas fait de bonnes affaires.

Le Propriétaire. Oui, c'est vrai, mon ami, mes terres ne sont pas bonnes et ma ferme est beaucoup trop chère pour le Cultivateur qui ne connaît pas son métier. Daniel est un honnête homme, de bonne conduite ; c'est un fort travailleur, mais il travaille très-mal parce qu'il ne sait pas son métier, et le plus malheureux pour lui et sa famille, c'est qu'il est entêté ; il ne veut pas mieux faire, voilà pourquoi il n'a pas été heureux depuis neuf ans qu'il est dans ma ferme.

Le Cultivateur. Mais, monsieur, comment pouvez-vous savoir que votre fermier Daniel ne sait pas son métier et qu'il a mal travaillé ? Vous n'êtes pourtant pas Cultivateur, vous, monsieur ?

Le Propriétaire. Non, mon ami, je ne suis pas Cultivateur ; mais tenez, voilà un petit livre qui a été fait au milieu des champs, par un de nos meilleurs Cultivateurs, un ancien fermier-laboureur comme vous, c'est le Livre aux 100 Louis d'or. C'est lui qui me fait connaître quand un Cultivateur travaille bien ou quand il travaille mal. Je vais vous le lire, écoutez-moi donc avec attention, et alors vous me direz si vous vous sentez la force et le courage de suivre exactement les conseils de ce petit livre, car je ne veux affermer ma métairie qu'à ces conditions, afin d'être bien assuré que mon fermier s'enrichira en enrichissant ma propriété.

Alors, le Cultivateur écouta de toutes ses oreilles.

Le Cultivateur. Je vous remercie bien de cette

lecture, monsieur, et ma foi, ce petit livre a raison,
et je vous promets de faire tout mon possible pour
suivre ses bons conseils.

Le Propriétaire. Eh! bien, tenez, mon ami, prenez ce Livre aux 100 Louis d'or, je vous le prête,
faites-le lire par les meilleurs Cultivateurs de vos
connaissances. Consultez-vous, réfléchissez bien,
et si vous voulez vous engager à suivre exactement
les conseils du Livre, moi, je m'engage à faire avec
vous un bail de 6, 12 et 18 ans, à votre volonté,
avec une légère augmentation tous les six ans.
Allez, mon ami, et dans huit jours, rendez-moi ré-
ponse, oui ou non.

Quelques jours après cette conversation, le
même Propriétaire et le même Cultivateur signaient
un bail de 18 années, à raison de 1800 fr. par an,
avec augmentation de 100 fr. à la fin de chaque
terme de six ans, et aux conditions expresses que
le bail serait résilié et le fermier renvoyé s'il ne se
conformait pas exactement aux instructions du
Livre aux 100 Louis d'or, ainsi qu'aux conditions
suivantes :

1º Faire assurer son mobilier et ses meules de
foin et de paille contre l'incendie, et assurer aussi
son bétail contre la mortalité ;

2º Réparer et entretenir en bon état tel et tel
chemin entourant la ferme.

Il y a cinq années que ce bail a été passé devant
notaire, et le nouveau fermier a si bien suivi les
conseils du Livre aux 100 Louis d'or, qu'il est arrivé
à mettre de côté, chaque année, de 4 à 5,000 fr.,

bénéfice net, à la grande satisfaction de son propriétaire, qui exige les mêmes conditions de tous ses fermiers.

Déjà beaucoup de propriétaires des environs suivent son exemple.

Plusieurs propriétaires m'ont aussi appelé d'accord avec leurs fermiers ou métayers, pour commencer l'installation de la cour, ce qui est toujours le plus difficile. Ayant une grande expérience de ces sortes d'améliorations, j'ai su applanir en peu de temps teutes les difficultés.

On peut m'écrire, je me rendrai au désir des personnes qui me feront demander, et bientôt elles seront convaincues que les plus mauvais champs et les plus mauvaises prairies peuvent devenir riches et fertiles pour toujours.

Toutes les améliorations que je m'engage à leur faire exécuter ne leur coûteront rien, qu'un peu de travail et de bonne volonté.

PICHERIE-DUNAN,
Améliorateur des Métairies.

Rue

CONSULTATION
A la fermière qui désire faire le bonheur de sa famille.

Bonne ménagère, vous êtes un véritable trésor dans une ferme, et vous ferez le bonheur de votre époux et de vos enfants, si vous êtes très-soigneuse des fumiers, du jardin de la ferme, des volailles et du bétail.

Bonne ménagère, consultez souvent le *Livre aux 100 Louis d'or*, suivez fidèlement ses conseils, veillez à ce que la cour soit toujours propre, ne laissez plus les engrais à traîner et à se perdre, engraissez des volailles, faites beaucoup de bon et beau beurre, faites des fromages aux pommes de terre, du raisiné, des confitures de carottes, conservez des fruits. Parlez toujours avec douceur et honnêteté à votre époux, à vos enfants et à vos serviteurs. Rappelez-vous que les enfants héritent aussi bien des vertus que des défauts de leur mère. Soyez bonne, honnête et polie envers vos enfants, et ils seront bons, honnêtes et polis envers vous.

Bonne ménagère, si vous et votre époux vous avez le bon esprit de suivre exactement les conseils du *Livre aux 100 Louis d'or*, vous êtes sûre de vous enrichir. Vous pourrez alors mettre souvent la poule au pot ; cela vous permettra de bien nourrir votre monde. A dîner, vous mettrez sur la table : bon vin, bon cidre, bon pain, bonne soupe, bonne viande, choux embeurrés, pommes de terre cuites à la vapeur, pomme de terre frites, du millet, du laitage, des galettes ; bonne salade , bons fruits, bon beurre, des œufs, du fromage, du raisiné ; puis, au dessert, le café et le pousse-café seront servis par vous , bonne ménagère ! Alors tout le monde sera satisfait, on ira à l'ouvrage avec plus d'ardeur et on fera double besogne ; il y aura grands profits à la ferme.

Et vous , bonne ménagère , vous serez aimée de votre époux, de vos enfants, lesquels suivront vos bons exemples et feront de bons mariages.

Vous pourrez donc dire avec joie : J'ai beaucoup aidé à la fortune et au bonheur de mon époux et de mes enfants.   PICHERIE-DUNAN.

CONSULTATION

Aux Cultivateurs qui désirent savoir en peu de mots comment ils peuvent s'enrichir sûrement et rapidement en cultivant la terre.

Cultivateurs, pour vous enrichir rapidement, il faut commencer par doubler la quantité et la richesse de vos fumiers , afin d'enrichir vos champs, en leur donnant double ration d'engrais : cela est facile, ce livre vous en donne les moyens sans dépenser d'argent.

Il faut aussi donner à vos prés double ration de riches terreaux : c'est encore très-facile.

En doublant la ration des fumiers , vous allez pouvoir faire des labours plus profonds, et doubler vos cultures fourragères , il vous sera donc facile de doubler la ration de nourriture à toutes vos bêtes ; et vous savez bien que les bêtes qui reçoivent double ration de nourriture, donnent double ration de lait, de beurre, de graisse, de viande et de fumier. C'est le vrai moyen de vous enrichir.

Cultivateurs! n'achetez donc plus de mauvaises vaches, choisissez donc les meilleures espèces d'animaux, et guérissez promptement ceux qui sont malades.

Tenez donc toutes vos bêtes bien propres et ne manquez pas de couper, hacher, mélanger et saler leur nourriture. Vous doublerez vos profits.

Cultivateurs! labourez et piochez tout autour de vos champs et de vos prés, et faites de gros terriers que vous transporterez partout sur vos terres pour les assainir et les enrichir. Faites ce travail énergiquement, il est de la plus haute importance.

Cultivateurs! choisissez et préparez bien vos semences, semez toujours vos blés les premiers sur des terres propres et richement fumées.

Cultivateurs! achetez du plâtre en poudre pour le répandre sur vos jeunes trèfles, luzernes et coupages. 10 kilog. de plâtre donnent un milier de foin en plus.

Voilà, Cultivateurs, les conditions absolument nécessaires pour vous enrichir sûrement et rapidement en cultivant la terre.

Le *Livre aux 100 Louis d'or* vous donne tous les détails pour l'exécution pratique de ces bonnes améliorations. Le plus pauvre fermier peut les faire de suite, sans emprunter d'argent à personne.

Ainsi, si vous ne vous enrichissez pas, Cultivateurs, c'est que vous ne voudrez pas vous en donner la peine.

PICHERIE-DUNAN.

HISTOIRE

DU PAUVRE FERMIER PIERRE RENAUD

Ruiné, endetté de 2.800 fr., et devenu promptement riche et heureux en suivant les conseils du Livre aux 100 Louis d'or. — *Le beau mariage de son fils François avec la jeune Louise Valentin, surnommée le modèle des bonnes ménagères.*

Le pauvre fermier Pierre Renaud écoutait une de mes Conférence agricoles publiques, lorsqu'il entendit que je proposais d'aller moi-même dans les fermes aider à tout préparer, afin de faire sortir les Cultivateurs de la gêne, et pour leur assurer la fortune et le bonheur.

Alors, Pierre Renaud, qui était ruiné et beaucoup endetté, me pria de venir dans sa ferme pour l'aider à commencer les améliorations que je recommandais.

Heureux de pouvoir être utile aux Cultivateurs de bonne volonté, je me rendis à la ferme du pauvre Pierre Renaud. La cour, le fumier, l'étable et le bétail étaient dans le plus mauvais état de malpropreté et de désordre. L'urine sortait de l'étable, le jus du fumier allait se perdre dans le chemin et dans l'abreuvoir ; il n'y avait pas de latrine, et le fumier des poules était abandonné.

Alors, je ne pus m'empêcher de dire au fermier Renaud : Mais, mon ami, c'est abominable de laisser les vaches dans une si grande malpropreté, et de laisser perdre devant ses yeux plus de la moitié des engrais de la ferme.

Pierre Renaud me répondit que c'était son père et sa mère qui lui avaient appris à travailler, et que par conséquent, ce grand désordre, cette grande perdition des meilleurs engrais et cette malpropreté du bétail, étaient le résultat du peu de connaissance de ses parents. Il me déclara donc que j'étais le premier Cultivateur qui lui apprenait à mieux faire.

Je restai trois jours à diriger les améliorations nécessaires dans cette ferme.

Le soir du troisième jour, tout était bien changé : la cour était aussi unie, aussi propre qu'une grande route bien entretenue ; le fumier était bien relevé, entouré d'une rigole qui conduisait le purin dans une grande fosse ; l'étable et les vaches étaient d'une propreté qui faisaient plaisir à voir.

On avait fait de grandes latrines, puis un hangar où il y avait déjà des terres sèches, pour mettre dans le fond de l'étable et sur les fumiers.

On voyait déjà, dans la pauvre famille Renaud, la joie et l'espérance sur tous les visages. Avant de quitter cette famille, je lui demandai pour mon paiement de me promettre sur l'honneur d'entretenir toujours le même ordre, le même soin et la même propreté dans la ferme, et de suivre très-exactement les instructions du *Livre aux 100 Louis d'or*.

Pierre Renaud et son fils aîné, François, ont tenu consciencieusement à leurs promesses ; aussi, la fortune et le bonheur sont revenus rapidement dans cette ferme. Après quelques années seulement de ce bon travail, ils achetaient une grande prairie et plusieurs pièces de terre.

Un dimanche, en revenant de la messe, Pierre

Renaud dit à son fils : Eh ! bien, François, tu sais que ta mère n'est pas bien portante ; il faut absolument te marier avec une bonne ménagère, une jeune personne vertueuse, qui aime l'ordre, le soin et la propreté.

Je cherche, dit François : Je trouve bien des filles honnêtes et vertueuses, mais elles sont toutes habituées au désordre, à la perdition des engrais et à la malpropreté du bétail.

Oui, mon père, disait François, je ne tiens pas à la beauté ni à la richesse, mais je veux une bonne ménagère. J'ai été dans plus de dix maisons de la commune, où il y a des filles à marier ; je suis bien reçu partout, mais quand je parle des devoirs de la bonne ménagère, des soins minutieux que nous prenons pour nos animaux, et pour nos fumiers, je ne rencontre alors chez les jeunes filles et leurs parents, que de la moquerie, de l'indifférence et de la sottise.

Eh ! bien, dit le père Renaud, moi, je connais une jeune fille qui fera ton affaire, c'est la fille aînée de maître Daniel, fermier du Grand-Chêne. Je l'ai vue l'autre jour avec son père, je lui ai parlé de toi, et tu peux y aller, tu seras bien reçu, je te le garantis.

Le dimanche suivant, François fit une visite au Grand-Chêne ; il vit là une grande ferme en désordre, on y laissait perdre la moitié des engrais ; c'était malheureusement la mauvaise habitude du pays.

François fut placé à table près de la belle Jeanne ; c'était la fille aînée. Elle paraissait très-intelligente, savait lire et écrire, et conduisait la maison avec sa mère. Le jeune fermier amena la conversation sur les grands bénéfices du soin des fumiers et du bétail, du terrage des champs et des prés, et il raconta ce qui se faisait dans la ferme de son père depuis sept années.

La famille Valentin eut la sottise de lui répondre par des plaisanteries et des moqueries.

Alors, François Renaud fut très-mécontent, puis élevant la voix, il dit à la famille Daniel : Comment, vous vous moquez des soins qui font la richesse et le bonheur de ma famille ; je vous assure que la maîtresse qui ne fait pas cela, ne sait pas son métier ; c'est une mauvaise ménagère , elle donne le mauvais exemple à ses enfants, et un mari raisonnable doit exiger que sa femme se conforme exactement à tous les bons soins du bétail et des engrais, dans l'intérêt de leur bonheur.

Ah ! par exemple , dit la belle Jeanne Daniel, il serait curieux de voir un mari forcer sa femme à brosser les vaches et les cochons , à ramasser les bouses dans la cour , à aller dans les latrines , à laver l'ameille des vaches avant de les tirer, à faire lever les vaches un quart-d'heure avant de les envoyer aux champs , etc. Alors, toute la famille se mit à rire, et le pauvre jeune homme vit bien qu'il s'était trompé, qu'il n'avait affaire qu'à des imbéciles, à de mauvais Cultivateurs routiniers. François se leva , prit son chapeau et dit adieu à cette sotte famille. On l'entoura, on lui fit des excuses, on voulut le retenir ; la fille aînée , la belle Jeanne ne riait plus ; elle versait des larmes , la pauvre fille ; elle comprenait qu'elle venait de manquer un très-bon mariage par sa faute, mais il n'était plus temps, car François Renaud les avait quittés pour toujours.

Ordinairement les bons Cultivateurs ont de la persévérance, François ne perdit pas courage. Il avait entendu parler d'une ferme bien tenue, dans la commune voisine, il alla la visiter et la trouva presque aussi bien tenue que la sienne.

Il demanda à parler au maître, nommé Valentin. Après une longue conversation, dans laquelle on parla des fumiers, du bétail et des cultures, le père Valentin reconnut de suite que François Renaud était un excellent Cultivateur.

François fit aussi connaissance du fils et de la fille de maître Valentin.

La jeune fille, nommée Louise, était renommée dans le pays pour le modèle des bonnes ménagères.

Le lendemain, François Renaud pria son père de se risquer à aller demander en mariage cette jeune fille, qui était la plus riche héritière du pays.

Le père Renaud dit à son fils qu'il voulait bien risquer cette demande, mais que c'était folie d'es-pérer un aussi beau mariage ; car plusieurs riches Cultivateurs avaient déjà été refusés, et on ne sa-vait pourquoi.

C'est donc en tremblant que le pauvre fermier, Pierre Renaud, vint demander à maître Valentin sa fille en mariage pour son fils François.

Mais, grand Dieu ! quel ne fut pas son étonnement et sa joie, de voir sa demande acceptée de suite.

Oui, je consens à ce mariage, mon brave ami, lui dit maître Valentin, et je suis assuré d'avance du consentement de ma fille. Nous vous connais-sons de vieille date, vous et votre fils : nous étions au Concours agricole de Saint-Fulgent, lorsque vous

avez reçu les premiers prix, comme étant les meil-
.leurs cultivateurs du pays, et nous savons que tous
vos enfants, et surtout votre fils aîné, François,
suivent l'exemple de leur père. J'ai causé un instant avec François, eh ! bien, je vous le dis en ami,
il mérite d'avoir pour femme le modèle des bonnes
ménagères du pays.

On a été étonné de me voir refuser ma fille aux
plus riches Cultivateurs du pays ; eh ! bien, je vais
vous dire pourquoi : J'ai envoyé mon fils visiter
leurs fermes, sans qu'ils le sachent, et j'ai su que
leur richesse ne les empêchait pas d'avoir la cour,
les fumiers et le bétail dans le plus mauvais état
de négligence, de malpropreté et de désordre. Et
comme ma fille ne peut souffrir qu'on laisse les
fumiers en désordre, qu'on perde le moindre engrais, elle, habituée à brosser et bouchonner les
vaches et les porcs, se faisant un plaisir de leur
apprêter de bonne nourriture, hachée, mêlée et
salé, ma fille, dis-je, eut été bien malheureuse,
malgré sa richesse, en se voyant, après son mariage, entourée de malpropreté et de désordre.

Qu'on aille dire à ces Cultivateurs d'apprendre
à mieux faire, ils vous riront au nez, parce qu'ils
sont riches ; mais ils sont plus dangereux que les
pauvres fermiers, par l'empire du mauvais exemple
qu'ils donnent au pays.

Mon brave Renaud, je donne la préférence à
votre fils François, parce que je suis bien assuré
que ma fille sera très-heureuse avec lui ; c'est un
bon Cultivateur, qui a les mêmes sentiments, les
mêmes pensées que ma fille, et qui travaille avec
goût, intelligence et raisonnement.

Le mariage fut donc résolu et arrêté. Pierre Renaud vint annoncer cette bonne nouvelle à son heureux fils.

Le dimanche suivant François Renaud se rendit à la grand'messe, dans la paroisse de sa riche fiancée. Louise Valentin y assistait avec son père. La jeune fille priait avec ferveur ; François Renaud joignit ses prières à celles de la pieuse Louise, et demanda à Dieu de protéger son mariage.

En quittant l'église, il se rendit chez maître Valentin, où il fut reçu comme un fils. Louise paraissait très-heureuse. L'explication qui eut lieu mit le comble à la joie des jeunes fiancés.

Le mariage fut célébré trois semaines après. Maître Valentin voulut que toute la jeunesse du pays soient invitée aux noces de sa fille.

Jamais on n'avait vu une noce si belle et si nombreuse, et où la joie la plus pure ne cessa de régner pendant deux jours. Tous les pauvres du pays reçurent un cadeau avec les restes du repas de noce.

Quelques années plus tard, le pauvre fermier Pierre Renaud achetait sa ferme 60 mille francs, avec ses bénéfices, et donnait 4 mille francs de dot à chacune de ses filles.

Beaucoup de Cultivateurs dans le pays, en voyant cette grande prospérité, commencent à suivre son exemple.   PICHERIE-DUNAN.

Les fermiers malheureux, en arrière du paiement de leur fermage, sont invités à m'écrire, j'irai les mettre à même de s'acquitter promptement et d'aquérir la fortune et le bien-être.

RAPPORT

SUR

Une Visite à l'Exposition Universelle de 1867.

IMPORTANTES DÉCISIONS

Prises par le Comité Agricole international de Billancourt,
FORMÉ ET PRÉSIDÉ PAR L'AUTEUR.

Le principal but de ma visite à l'Exposition universelle était d'observer et prendre bonne note des instruments, outils, grains, graines et objets les plus utiles au progrès de notre agriculture afin de les faire connaître et d'en propager l'usage dans nos campagnes, au moyen de mes Conférences agricoles du dimanche et de mon livre. C'est précisément ce que j'ai fait à l'Exposition agricole de Billancourt. Une circonstance très-heureuse m'a fait rencontrer huit agriculteurs de différentes contrées de la France et de l'étranger. Je leur ai parlé de la tâche que je me suis imposée, et sur ma proposition, ils ont bien voulu former un espèce de comité agricole international, me faisant l'honneur de me nommer leur président et secrétaire tout à la fois.

Le programme des questions que j'ai soumises au comité, se compose ainsi :

Rechercher les principales causes des faibles rendements de notre sol par hectares. D'où vient l'état de gène et de pauvreté de notre agriculture et de nos Cultivateurs. Pourquoi cette insouciance, cette indifférence de la jeunesse des campagnes pour leur belle et noble profession , indifférence qui les porte à abandonner leur métier pour rechercher des emplois ou autres métiers dans les villes.

Rechercher pourquoi les intelligences et les capitaux se tiennent toujours éloignés de l'agriculture.

Indiquer des remèdes énergiques et immédiatement applicables.

Après quatre séances de longues discussions, notre comité agricole international de Billancourt a été unanime pour reconnaitre que la principale source de toutes les souffrances de notre agriculture venait de la pauvreté du sol, causée par l'absence d'engrais naturelles les plus régénérateurs , c'est-à-dire les urines , les égoùts des fumiers, et l'engrais humain.

Le comité a reconnu et affirmé que ces engrais naturels , régénérateurs par excellence , existaient en quantité plus que suffisante pour entretenir toutes les parties du sol cultivées dans un état de richesse et de fertilité perpétuel , et pourraient satisfaire largement aux productions nécessaires, à l'alimentation de tout le peuple et à tous les besoins de l'industrie et du commerce , s'ils étaient recueillis, préparés et employés avec soin et *raisonnement,* à l'exemple des peuples de la Chine et du Japon , et de plusieurs autres peuples de l'Europe.

Mais étant presque partout totalement perdus pour le sol, perdus dans les fermes, perdus dans les villages, perdus dans les bourgs et perdus dans les villes de nos contrées, il en résultait une grande pauvreté pour le sol : pauvreté pour les Cultivateurs et pauvreté pour l'agriculture.

Le comité a reconnu que l'agriculture était pauvre parce qu'elle était faite péniblement, avec insuffisance d'engrais, parce que le cultivateur manque d'instruction agricole et de bons exemples ; parce qu'il ne sait pas son métier et continue toujours les mauvaises routines que son père et sa mère lui ont léguées, et qu'il léguerait à son tour ces mauvais exemples à ses enfants, si l'instruction et les bons exemples ne venaient pas promptement décider le père et la mère à mieux faire.

Le comité agricole international a reconnu et affirmé que la jeunesse des campagnes, dont l'esprit et l'intelligence se trouvent développés par les écoles, ne peuvent ni aimer, ni pratiquer avec goût un métier que le père et la mère leur représentent sous l'apparence la plus pittoyable de malpropreté, d'ignorance, de désordre, d'insalubrité et de pauvreté ; de sorte que la jeunesse des campagne est en quelque sorte poussée fatalement vers les villes, où le moindre métier est pratiqué avec plus d'ordre et de raisonnement que celui de l'agriculteur.

A un si grand mal, il faut employer un remède énergique.

Cependant, le comité agricole international a reconnu et affirmé que la profession de Cultivateur était bien réellement la plus agréable et la plus avantageuse de toutes les professions lorsqu'elle était bien comprise et bien exercée, et qu'il est certain que les intelligences, les capitaux et les bras se dirigeront vers elle, aussitôt que les Cultivateurs travailleront d'une manière plus raisonnable, c'est-à-dire lorsqu'ils ne priveront plus le sol des trois quarts de sa nourriture naturelle.

Le comité a reconnu que l'augmentation de la main-d'œuvre et des salaires dans les campagnes doit devenir une nécessité, afin qu'il n'y ait pas trop grande disproportion entre ce salaire et celui des villes, et pour que les maitres puissent exiger bientôt de leurs serviteurs que les fumiers, les engrais, le bétail et les terres soient traités avec plus de soin, plus d'intelligence et plus d'activité. Assurément, l'ouvrier des campagnes peut, comme celui des villes, faire gagner le double et le triple à son maitre, s'il est poussé par l'émulation d'une bonne journée ou d'un bon gage.

Le comité agricole international a reconnu et affirmé qu'il était absolument nécessaire, si l'on voulait obtenir promptement de bons résultats, d'agir tout d'abord sur l'esprit du propriétaire, du maitre, de la maitresse, du fermier, de la fermière, du père et de la mère, attendu que ce sont eux, eux seuls qui peuvent imposer l'obligation de mieux faire, et donner le bon exemple à leurs serviteurs et à leurs enfants. En conséquence, voici les résolutions prises dans la dernière séance du comité agricole international de Billancourt :

1° Chaque membre s'engage à faire propager, dans sa contrée, l'instruction agricole au milieu des campagnes, par tous les moyens en son pouvoir, notamment par des petits livres d'agriculture simples, et par des conférences agricoles communales le dimanche.

2° L'instruction agricole devra porter principalement sur les soins et la bonne préparation des fumiers de ferme, sur la nécessité de ne plus perdre l'engrais humain, sur l'assainissement et la propreté des cours, étables, écuries et demeures ; familiariser les enfants des campagnes avec la lecture et la dictée du *Livre aux 100 louis d'or.*

3º Obtenir des comices agricoles que le livre soit offert comme récompense, et que les plus fortes primes soient réservées aux Cultivateurs qui suivront exactement les conseils de ce livre, à ceux qui obtiendront les plus forts rendements par chaque hectare, avec le seul fumier de la ferme, enrichi par les engrais du commerce.

4º Attirer l'attention des propriétaires sur la nécessité des longs baux (18 ans), avec conditions d'augmentation de prix à chaque période de 6 ans, mais aussi et surtout avec la condition expresse de se conformer exactement aux instructions du *Livre aux 100 louis d'or,* gage certain de richesse et de bien-être.

5º Faire toutes les démarches possibles pour obtenir qu'un ou deux fermiers ou métayer, dans chaque commune, commencent promptement à donner le bon exemple du soin des engrais, de la bonne préparation des fumiers, de la salubrité et de la propreté de la cour, aider à la bonne volonté, payer, faire les sacrifices nécessaires pour atteindre ce but ; car il faut absolument qu'il y en ait un au moins dans chaque commune qui commencent à donner le bon exemple, cela suffira pour en décider bien d'autres ; mais il faut commencer.

6º Faire des démarches actives pour amener les Cultivateurs de chaque localité à s'entendre pour la réparation des mauvais chemins ruraux entourant leurs fermes, afin qu'ils aillent réciproquement les uns chez les autres, comme pour le battage de leurs grains. La réparation de leurs chemins défoncés est de la plus grande utilité : on se trouve très-bien d'avoir suivi ce conseil.

7° Faire connaître et adopter les instruments, outils et autres objets reconnus utiles aux Cultivateurs, ainsi que les racines, grains et graines. Pour atteindre sûrement ce but, il faut proposer à chaque mairie d'acheter les instruments les plus simples, les plus solides et les plus nécessaires à la culture de la localité, les exposer le dimanche ; faire ressortir leurs avantages et les offrir en louage, à des conditions très-avantageuses pour les Cultivateurs, afin qu'ils puissent les apprécier et les acheter ensuite si bon leur semble.

8° Obtenir que des latrines publiques soient installées dans tous les bourgs et villages, avec défense de s'arrêter ailleurs.

Telles sont les décisions qui ont été prises et arrêtées par notre comité agricole international de Billancourt, et dont l'exécution énergique va sûrement contribuer au progrès et à la prospérité de notre agriculture.

Voici maintenant un aperçu des instruments, outils et ustensiles qui ont été jugés dignes d'être propagés dans nos campagnes, pour le bien de notre agriculture, ainsi que pour l'horticulture et le jardinage :

1° Une houe nouvelle à cheval, à neuf socs acérés, très-solide. — Prix : 25 à 35 fr.

Cette houe est indispensable pour la bonne culture et pour détruire toutes les herbes entre les rangs des choux, betteraves, rutabagas, carottes, pommes de terre, colzas, maïs, luzernes et les blés semés en lignes, des coupe-racines et coupe-paille.

2° Une herse nouvelle, façon Valcour, très-solide, brisant les mottes et faisant un bon gairet.

3° Une charrue nouvelle, très-solide, versoir en fonte, soc acéré, ayant une roue sur le devant remplaçant les rouelles pour la vigne, d'autres pour rouelles et façon Dombasle. — Prix : 30 à 50 fr.

4° Un semoir à main, très-solide et très-commode, semant très-bien toutes espèces de graines, derrière le laboureur, sur des terres préparées simplement et à l'ordinaire. — Prix : 8 à 10 fr.

Ce simple semoir économise la semence et double les récoltes; il montre les grands avantages des cultures en lignes qui, certainement, prendront faveur tôt ou tard. (J'offre de le prêter gratuitement pour en faire l'épreuve).

5° Un semoir à cheval, semant très-bien toutes espèces de graines, mais ne pouvant fonctionner parfaitement que sur des terrains labourés finement, très-propres, et en larges planches. — Prix : 120 à 160 fr.

6° Un très-grand et très-fort semoir à rouleau, monté sur forte charrette, pouvant porter au champ la semence et l'engrais; semant, fumant, couvrant la semence, tassant et préparant très-bien le terrain tout à la fois et d'un même trait; il peut être traîné par deux bœufs ou par deux chevaux, et peut semer sur planche ou sur sillon, à volonté.

Ce grand semoir a rouleau est tout nouveau, mais les épreuves qui en ont été faites, comparativement avec tous les semoirs connus jusqu'à ce jour, constatent sa grande supériorité; un procès-verbal en fait foi.

Les grandes fermes pourraient le gagner dans une seule année. — Prix : 500 fr.

On peut ensemencer plusieurs hectares par jour avec ce semoir, et on obtient de 30 à 50 hectolitres de beau blé à l'hectare.

J'engage fortement les agriculteurs intelligents à faire l'essaie de cet instrument ; il est inusable et n'est point susceptible de dérangement. J'offre de le prêter gratuitement à ceux qui m'en feront la demande.

7° Pelles à bêcher nouvelles, pour champs et jardins, de toutes dimentions. — Prix : de 1 à 6 fr.

Ces pelles sont très-perfectionnées ; elles entrent plus facilement dans la terre et se dégagent mieux que les pelles ordinaires.

Les paroirs en acier, pour jardiniers et maraîchers, sont d'une supériorité de travail incontestable. — Prix : de 1 à 6 fr.

Il en est de même pour les nouveaux rateaux, courbèches, gravouillettes, mains de fer, transplantoirs, etc., d'une grande supériorité de travail, de solidité et de légèreté. Ces nouveaux outils, quoique d'un prix moins élevé, offrent tous les avantages réunis. La pompe à purin en bois : 30 fr.

8° Une nouvelle piocheuse-laboureuse, pulvérisant très-bien le sol, faisant quatre fois plus d'ouvrage que la charrue, dans un jour ; elle peut être traînée par des bœufs ou par des chevaux.

Cette piocheuse-laboureuse, d'une force et d'une solidité à toute épreuve, a fonctionné à l'exposition universelle de Billancourt avec beaucoup de succès.

9° La bricole normande, en tresse ou en cuir, est un objet d'une grande utilité pour toutes les fermes.

Elle tient les vaches, bœufs ou élèves, en respect pendant le pâturage. Les bêtes sont parfaitement libres de tous leurs mouvements, excepté un seul, celui de lever la tête, ce qui empêche les bêtes les plus méchantes de courir, et les force à paître tranquillement.

Cette bricole précieuse, qui évitera bien des accidents, a été inventée surtout pour empêcher les vaches d'avorter; ce qui arrive fréquemment lorsqu'elles sont pleines et qu'elles lèvent fortement la tête pour attrapper les branches des pommiers ou des arbres dans les haies et dans les fossés.

J'engage donc tous les cultivateurs soigneux de leurs bestiaux et de leurs arbres, à faire l'acquisition des bricoles normandes; les gardiens surtout s'en trouveront très-bien. S'adresser à l'auteur.

10° La baratte triangulaire et carrée, en fer étamé et en zinc.

Cette nouvelle baratte fait très-promptement du bon beurre; elle n'est pas embarrassante et est d'un entretien facile; elle est surtout très-supérieure à toutes celles connues jusqu'à ce jour. — Prix : de 10 à 30 fr., suivant la grandeur.

11° Le nouvel appareil hydraulique simple, pour la fabrication du bon vin et du bon cidre. — Prix : de 75 centimes à 1 fr. pièce. Durée, de 6 à 7 ans.

Ce précieux appareil, que j'ai perfectionné, se répand beaucoup, et bientôt tous les propriétaires vignerons sauront l'apprécier.

Son emploi donne un bénéfice de 5 fr. par barrique de 2 hectolitres, par la qualité supérieure qu'il donne au vin et au cidre. (Voir l'instruction sur *le Livre aux louis d'or*, page 100.)

12° Le panier du pâtureau, fait en planches minces. Ce panier est très-commode pour recueillir les bouses et crottins, qui nuisent aux pâturages et à la fauche. — Prix : 1 à 2 fr.

13° La large truelle en fer-tôle, très-commode pour ramasser les bouses et crottins dans les prairies, les cours des fermes, etc.— Prix : 75 cent^{mes}.

14° Les tranches coupantes, pour trancher les fumiers et les terreaux.

15° Les pelles légères et fourches plattes, pour charger les fumiers et les terreaux. — Les claies en osier ou en fil de fer, pour passer et mêler les terreaux sous le hangar.

Tous ces objets coutent peu de chose et font gagner beaucoup d'argent.

Je me charge de les procurer aux personnes qui m'en feront la demande.

Je renouvelle également mes offres de services aux propriétaires, fermiers, métayers, maraîchers et jardiniers, leur affirmant que 48 heures me suffisent pour commencer à transformer les plus mauvaises métairies en fermes-modèles sous tous les rapports, et à l'installation de laboratoires pouvant produire quatre fois plus de fumier chaque année, d'une richesse très-supérieure

Je ne demande que mon voyage pour toute rétribution.   PICHERIE-DUNAN,

Agriculteur, Propagateur de l'instruction agricole au milieu des campagnes, Améliorateur des métairies.

AUTORISÉ ET SUBVENTIONNÉ PAR LE DÉPARTEMENT.

Nantes, imp. M. Bourgeois, rue Saint-Clément, 115.

M

J'ai l'honneur de vous offrir la 4me Edition de mon travail : LE LIVRE AUX 100 LOUIS D'OR.

Il enseigne les moyens simples et faciles de produire en abondance, et à peu de frais, les beaux blés, les beaux animaux, les bons vins, les légumes, les fruits, les fleurs, etc. (Voyez le programme, page 5.)

C'est le manuel à l'usage du propriétaire et du fermier, par demandes et réponses ; il va porter dans les familles agricoles le bon savoir, le bien-être, la richesse et le bonheur.

Voyez, page 104, *les bons mariages*, et page 105, *le bonheur du ménage*.

Il met les propriéteires à même d'accroître la valeur foncière et les revenus de leurs propriétés, tout en assurant l'aisance et le bonheur de leurs fermiers. Voyez, page 119, *la ferme à louer*.

Le Conseil général de la Loire-Inférieure voulant récompenser mes services rendus à l'agriculture, et encourager mes instructions agricoles au milieu des campagnes, m'a alloué une somme qui vient m'aider à l'impression de cette 4me Edition du LIVRE AUX 100 LOUIS D'OR.

Mon Rapport sur la visite que j'ai faite à l'Exposition universelle, à mes frais, et sur la formation d'un comité agricole international à Billancourt, et ses importantes décisions, se trouvent page 133. Veuillez le lire, je vous en prie.

J'ose espérer, M   , que vous voudrez bien faire l'acquisition d'un certain nombre d'exemplaires de mon livre. Les propriétaires, agriculteurs, vignerons ou jardiniers, à qui vous les procurerez, pourront en tirer de très-grands profits s'ils ont un peu d'esprit, d'intelligence et de bonne volonté.

Je suis, M   , votre très-dévoué serviteur,

PICHERIE-DUNAN,

Agriculteur-Améliorateur.

Ci-joint,   Volume   à

M

A vous respectables curés et pasteurs, bons administrateurs, magistrats, propriétaires, maires des communes, présidents et membres des comices, instituteurs ruraux, etc.

C'est à vos cœurs nobles et généreux que je recommande mes principes et ma méthode d'enseigner l'agriculture au milieu des campagnes.

Je vous en prie, procurez le LIVRE AUX 100 LOUIS D'OR aux Cultivateurs, pères et mères, afin qu'ils puissent donner le bon exemple à leurs enfants ; c'est un puissant moyen pour leur faire aimer leur profession et pour arrêter la dépopulation des campagnes et faire prospérer notre agriculture, et par conséquent, les arts, l'industrie et le commerce.

Appelez-moi dans votre commune pour aider aux bons propriétaires ou fermiers qui voudront commencer à donner le bon exemple, c'est ce qui manque généralement.

Appelez-moi, et je promets d'aller le dimanche suivant faire une Conférence agricole publique à la sortie de la grand'messe. J'affirme que j'aurai de nombreux auditeurs. Peut-être se rencontrera-t-il parmi eux un fermier d'une intelligence supérieure, qui donnera le bon exemple, qui sera bientôt suivi par tous les autres fermiers ; par ce moyen, la commune verra doubler ses richesses et le bien-être de ses habitants.

Aidez-moi, je vous en prie, dans l'accomplissement de ma tâche.

Je vous remercie d'avance de votre concours au progrès de l'agriculture et à la prospérité publique.

PICHERIE-DUNAN,

Agriculteur, fondateur des Conférences agricoles
du dimanche.

Rue

TABLE.

RICHESSE DES CAMPAGNES

LE LIVRE AUX 100 LOUIS D'OR

NOUVEAU

TRÉSOR DE LA CHAUMIÈRE

GRANDE PRODUCTION

Des beaux Blés, du beau Bétail, des bons Vins, des Légumes, des Fruits et des Fleurs,

RAPPORT DE L'AUTEUR

Sur sa visite à l'Exposition universelle et ses heureux résultats pour les progrès de notre agriculture, voyez page 133.

———

Cultivateurs! conservez toujours ce petit livre et consultez-le souvent.
Rappelez-vous que tôt ou tard il vous faudra, suivre ses conseils;
c'est le seul moyen de vous enrichir et de vivre heureux.

L'auteur, PICHERIE-DUNAN, agriculteur.

NANTES, IMP. M. BOURGEOIS.